MATHEMATIQUES
&
APPLICATIONS

Directeurs de la collection:
J. M. Ghidaglia et P. Lascaux

11

MATHEMATIQUES & APPLICATIONS
Comité de Lecture / Editorial Board

Directeurs de la collection:
J. M. Ghidaglia et P. Lascaux

Instructions aux auteurs:
Les textes ou projets peuvent être soumis directement à l'un des membres du comité de lecture avec copie à J. M. Ghidaglia ou P. Lascaux. Les manuscrits devront être remis à l'Éditeur *in fine* prêts à être reproduits par procédé photographique.

Valentine Genot-Catalot   Dominique Picard

Eléments
de statistique
asymptotique

Springer-Verlag

Paris Berlin Heidelberg New York
Londres Tokyo Hong Kong
Barcelone Budapest

Valentine Genot-Catalot
Université de Marne la Vallée, Immeuble Descartes II
2, rue de la Butte Verte
93160 Noisy-le-Grand, France

Dominique Picard
Université de Paris 7, UFR Mathématique – Couloir 45/55, 5e étage
2, place Jussieu
75251 Paris Cedex 05, France

Ce manuscrit a été préparé avec une aide aux auteurs
du Ministère de la Recherche et de l'Espace (DIST).

Mathematics Subject Classification (1991): 62 A, 62 E 20, 62 F, 62 H, 60 E

ISBN 978-3-540-56747-9 Springer-Verlag Paris Berlin Heidelberg New York
ISBN 978-3-540-56747-9 Springer-Verlag Berlin Heidelberg New York

Table des Matières

Avant-propos

La plupart des méthodes statistiques classiques, qu'il s'agisse de l'estimation par maximum de vraisemblance, du test du chi-deux ou du test de Kolmogorov-Smirnov, n'ont de justifications qu'asymptotiques. Cependant, nombre de statisticiens expérimentés ne sollicitent pas les outils asymptotiques. L'une des raisons en est sans doute la multiplicité des théories sous-jacentes: il n'y a pas une mais des théories asymptotiques, chacune développant ses outils propres... et ses conclusions...

Le but de ce cours est de présenter, nombre d'exemples à l'appui, les divers points de vue utilisés en statistique asymptotique, leurs différences, leurs particularismes mais aussi leur cohérence. Ces points de vue sont toujours replacés dans le contexte des applications qui les motivent. Ainsi, se côtoient les théories d'Hájek, de Le Cam, Bahadur, Ibragimov, Has'minskii, Rao... Il est ici hors de propos de remplacer la lecture de ces auteurs de référence, indispensables, mais au contraire d'en faciliter l'accès, parce qu'ils sont difficiles.

Toutefois, la dimension restreinte de l'ouvrage, au regard de l'étendue du sujet, nous a imposé de faire des choix. Certains domaines ne sont pas traités ici, comme, par exemple, la statistique non paramétrique. De façon générale, nous avons limité notre étude, dans la mesure où il s'agit d'une première approche du sujet, au cadre paramétrique et "régulier". Par ailleurs, nous avons été contraintes de faire l'économie partielle ou totale de certaines démonstrations. Le lecteur est invité alors à se reporter aux ouvrages cités.

Enfin, nous avons dû résoudre le dilemme que soulève l'enseignement des méthodes de vraisemblance. Le choix est classique : soit on se place dans des conditions très restrictives, les choses sont alors simples à comprendre, mais peu de modèles sont couverts, soit, on ouvre le champ des hypothèses, et par là-même des modèles, mais la technique devient ardue. Nous avons tenté de ménager les deux branches de l'alternative en nous plaçant, d'une part, tout au long du livre, dans un cadre restreint, et en consacrant, d'autre part, le chapitre 5 dans sa totalité à la technique des méthodes de vraisemblance dans les conditions les plus vastes possibles.

Aborder cet ouvrage requiert une bonne formation de maîtrise en probabilités et en statistique. Il est toutefois étayé de rappels et références qui s'adressent à ceux à qui certaines bases feraient défaut.

Ce livre est tiré d'un cours qui a été enseigné dans le cadre du D.E.A. de

Statistique et Modèles Mathématiques en Economie et Finances de Paris VII - Paris I. Il était également suivi par une partie des étudiants du D.E.A. de Probabilités de Paris VI.

Chaque chapitre est présenté sous la forme d'un cours suivi d'un cours complémentaire et d'exercices. Le cours complémentaire, suivant les cas, détaille certains points techniques du cours, ou présente des études de cas précis qui prolongent le cours dans un domaine particulier. Les chapitres 5 et 6 ne comportent pas de cours complémentaire : le chapitre 6 consiste en lui-même en une application, et pour ce qui est du chapitre 5, plusieurs exemples ont été présentés au chapitre 3 et peuvent être repris à la lecture du chapitre 5.

Le premier chapitre est une introduction au problème général de la statistique asymptotique et détaille essentiellement les points qui seront ensuite approfondis dans les chapitres suivants : qu'est-ce qu'une situation asymptotique ? Notion de consistance d'une suite de règles de décision, consistance d'une suite d'estimateurs, de tests, consistances faible et forte ; comparaisons de suites de règles de décisions consistantes : points de vue local et non local en comparaison de tests, notion de vitesse d'estimation. Le cours complémentaire présente un rappel des définitions et résultats non asymptotiques en théorie de l'estimation : fonction de risque, estimateurs admissibles, bayésiens, minimax ; inégalité de Cramér-Rao.

Le deuxième chapitre étudie le problème des différentes théories asymptotiques pour l'estimation paramétrique. On y introduit l'historique du domaine au travers des conjectures de Fisher et de la mise en évidence d'estimateurs super-efficaces (contre-exemple de Hodges). On analyse ensuite les différentes façons d'éliminer la super-efficacité: uniformité contre super-efficacité avec les estimateurs minimax asymptotiques locaux, robustesse contre super-efficacité avec la notion de convergence d'expériences de L. Le Cam et le théorème de convolution, efficacité (non locale) au sens de Bahadur. Les notions d'efficacités d'ordre supérieurs sont abordées : efficacité au sens de Rao et développements de type Edgeworth. Le cours complémentaire détaille la méthode classique d'étude des estimateurs du maximum de vraisemblance (consistance et normalité asymptotique dans un modèle régulier), ainsi que la méthode d'estimation par contraste avec divers exemples.

Les chapitres 3 et 4 portent sur les méthodes asymptotiques en théorie des tests. Deux points de vue y sont envisagés :

- au chapitre 3, le point de vue local, qui nécessite l'apprentissage de la théorie de la contiguïté de deux suites de probabilités : cas gaussien asymptotique, lien avec la convergence d'expériences, comparaison de deux suites de tests, optimalité des rapports de vraisemblance.

- au chapitre 4, le point de vue non local, qui nécessite l'introduction de la théorie des grandes déviations : transformées de Cramér d'une loi de probabilité, théorèmes de Chernoff et de Sanov, comparaison de deux suites de tests, optimalité de la suite des rapports de vraisemblance.

Le chapitre 5 développe l'étude de la convergence en loi de la suite des processus de vraisemblance. On introduit d'abord un rappel sur les mesures gaussiennes sur certains espaces fonctionnels ainsi que des critères de convergence en loi pour des suites de variables de C_0. On reprend ensuite la démonstration d'Ibragimov et Has'minskii de la convergence de la suite des processus de vraisemblance au sens des marginales finies et dans C_0, dans un modèle statistique régulier. On applique ces résultats à la convergence d'expériences et à la détermination des lois limites d'estimateurs.

Le dernier chapitre traite les différentes méthodes asymptotiques introduites à propos d'un problème particulier : celui des ruptures de modèles en statistique. On applique ainsi les arguments étudiés à un problème pratique dont la solution n'est pas standard.

Au seuil de cet ouvrage, nous tenons à remercier tous ceux qui nous ont aidées de près ou de loin, et en particulier, le comité de lecture de la S.M.A.I., Jean-Michel Ghidaglia, Xavier Guyon et Thierry Jeulin, qui nous ont encouragées à l'écrire, Jean Deshayes pour sa participation au chapitre 6, Gérard Kerkyacharian qui a bien voulu relire et corriger le manuscrit et Isabelle Paisant qui a consacré sa compétence et son expérience à dactylographier le manuscrit.

D. Picard, V. Genon-Catalot

1 Introduction

Ce chapitre d'introduction est destiné à faire un rapide tour d'horizon sur la plupart des théories asymptotiques développées en statistique, leurs motivations et les connexions qui existent entre elles. Nous n'entrerons pas dans une théorie de la décision formalisée et introduirons les définitions au fur et à mesure des nécessités. Le lecteur est censé connaître, à ce stade, les bases de la statistique à nombre d'observations fixé, en particulier : borne de Cramér-Rao, lemme de Neyman-Pearson, propriétés d'optimalité des familles exponentielles. Pour ces notions, nous renvoyons aux livres de Bickel et Doksum, 1977, Dacunha-Castelle et Duflo, 1982, Kendall et Stuart, 1987, Lehmann, 1983...

1.1 Exemples de situations asymptotiques

1.1.1 Exemple de base : n-échantillon

On observe $X_1, \ldots, X_n$ n variables aléatoires à valeurs réelles (ou dans $\mathbf{R}^d$) indépendantes de loi P sur $\mathbf{R}$ (resp. $\mathbf{R}^d$). Ici, on fera tendre n vers l'infini.

Deux théorèmes faciles seront la clé de voûte de notre édifice : la loi des grands nombres et le théorème de la limite centrale.

Nous pourrons utiliser des versions plus sophistiquées (théorèmes de Glivenko-Cantelli et Kolmogorov-Smirnov, de Donsker, de Sanov, de Komlos-Major-Tusnady...) qui permettront de résumer certains comportements asymptotiques de l'échantillon en ne retenant que quelques paramètres de la loi P (par exemple, moyenne pour la loi des grands nombres, moyenne et variance pour le théorème de la limite centrale).

1.1.2 Exemple 2 : n variables aléatoires dépendantes et de même loi

Là encore, nous ferons tendre n vers l'infini. Cet exemple est en fait une généralisation de la situation précédente où l'on supposera que la dépendance entre les variables est suffisamment faible (dépendance à portée finie, processus autorégressifs, en moyenne mobile, ARMA...) pour permettre d'obtenir des résultats analogues au théorème de la limite centrale ou à la loi des grands nombres.

1.1.3 Exemple 3 : Observation discrétisée d'un processus

Soit X_t, $t \in [0, 1]$, un processus (par exemple,

$$X_t = \int_0^t b(u, X_u) \, du + \int_0^t \sigma(u, X_u) \, dW_u \, ,$$

où W_u est un mouvement brownien). On n'observe pas la totalité de la trajectoire X_t, mais seulement $Y_1, \ldots, Y_n$ avec $Y_i = X_{\frac{i}{n}}$. L'asymptotique $n \to +\infty$ consiste à faire tendre le pas de discrétisation $\frac{1}{n}$ vers zéro. Ainsi, n grand rend le comportement de $(Y_1, \ldots, Y_n)$ proche de celui de l'observation entière de la trajectoire de X_t.

1.1.4 Exemple 4 : Petite variance

Soit $X_\varepsilon(t)$ le processus défini sur $[0, 1]$ par :

$$X_\varepsilon(t) = \int_0^t b(u, X_u) \, du + \varepsilon \int_0^t \sigma(u, X_u) \, dW(u) \, . \qquad (*)$$

On suppose que l'on observe toute la trajectoire du processus X_ε. L'asymptotique consiste maintenant à faire tendre ε vers 0. Le terme stochastique dans $(*)$ est à interpréter comme une erreur de mesure petite relativement au premier terme qui représente le phénomène déterministe sous-jacent. Malgré les apparences, cet exemple est en fait assez proche des deux premiers. Le même genre d'outils va être utilisé. A la loi des grands nombres, correspond le fait que, si ε tend vers 0, la trajectoire X_ε tend vers la trajectoire déterministe X_0, l'écart étant facturé par le fait que

$$\frac{1}{\varepsilon}\big(X_\varepsilon(t) - X_0)\big) = O_p(1) \, .$$

(Bien entendu, on imposera des conditions de régularité aux fonctions b et σ).

1.1.5 Convolution par un noyau

Il est fréquent qu'un appareil de mesure, au lieu de livrer un processus X_t lui-même, (par exemple, celui de l'exemple 3) fournisse, comme observation, le processus

$$Y_\varepsilon(t) = \Phi_\varepsilon * X(t) = \int_{\mathbb{R}} \Phi_\varepsilon(t - u) \, X_u \, du$$

où Φ_ϵ est un noyau régulier qui tend vers une masse de Dirac en 0 quand ϵ tend vers 0 (par exemple Φ_ϵ est une régularisée de $1_{[-\epsilon,+\epsilon]}$). Ce modèle, bien que plus difficile techniquement peut se traiter avec des arguments semblables aux précédents.

Enfin, il est fréquent, dans la réalité, que l'on allie plusieurs types d'asymp-totique. (Par exemple, il est fréquent qu'un appareil de mesure nous livre un processus non seulement filtré par un noyau mais en plus discrétisé - exemples 4 et 5 -).

1.2 Théorème de Kolmogorov

Supposons que l'on dispose de n observations $X_1, \ldots, X_n$. On se doit d'intro-duire une suite de modèles statistiques $(\Omega_n, \mathcal{A}_n, P_\theta^n, \theta \in \Theta)$ où pour chaque n, Ω_n est un espace, $\mathcal{A}_n$ une tribu sur Ω_n et P_θ^n une probabilité sur $(\Omega_n, \mathcal{A}_n)$ dépendant d'un paramètre θ de Θ.

Toutefois, il est souvent malaisé (par exemple si l'on désire obtenir une convergence presque sûre !) d'étudier une suite d'estimateurs définis sur des espaces différents : on voudrait pouvoir se placer sur un espace global. Il se trouve que cela est possible sous d'assez faibles conditions :

Considérons le cas où les variables X_i sont à valeurs dans un même espace $\mathcal{X}$ ($= \mathbf{R}$ ou $\mathbf{R}^d$). On peut alors prendre $\Omega_n = \mathcal{X}^n$ et $\mathcal{A}_n = \mathcal{B}(\mathcal{X})^{\otimes n}$ où $\mathcal{B}(\mathcal{X})$ est la tribu borélienne de $\mathcal{X}$.

Notons Ω l'espace $\mathcal{X}^{\mathbf{N}}$ et $\pi_{\{n_1, \ldots, n_i\}}$ la projection de Ω sur $\mathcal{X}^i$ qui à $\omega = (\omega_1, \ldots, \omega_n, \ldots)$ associe $(\omega_{n_1}, \ldots, \omega_{n_i})$ pour tout multi-indice $(n_1, \ldots, n_i)$ tel que $1 \leq n_1 < \cdots < n_i$ et $i \geq 1$. (On a alors $X_n(\omega) = \pi_n(\omega)$). Soit $\mathcal{A}$ la σ-algèbre sur Ω qui rend mesurable toutes les projections $\pi_{\{n_1, \ldots, n_i\}}$.

Théorème de Kolmogorov

On peut construire sur $(\Omega, \mathcal{A})$ une famille $\{P_\theta, \theta \in \Theta\}$ de probabilités telle que, pour tout $n \geq 1$, pour tout θ de Θ,

$$\pi_{\{1, \ldots, n\}} P_\theta = P_\theta^n$$

si et seulement si pour tout θ, la suite P_θ^n est compatible : i.e.

$$\forall n \geq 2 , \forall n' < n \qquad \pi_{\{1, \ldots, n'\}} P_\theta^n = P_\theta^{n'} .$$

Pour la démonstration de ce théorème, nous référons à Halmos, 1974 ou Billingsley, 1968, (Appendix).

La condition de compatibilité est clairement nécessaire. Elle est souvent naturelle ou facile à vérifier, comme par exemple dans le cas où $(X_1, \ldots, X_n)$ forme un n-échantillon.

Donnons ici un exemple, provenant de la théorie des ruptures (cf. chap. 6), où elle n'est pas vérifiée :

Soit $k(n)$ une suite d'entiers croissante avec n, telle que $k(n) \leq n$ et P_θ^n la loi de probabilité sur $(\mathbf{R}^n, \mathcal{B}(\mathbf{R}^n))$ de $(X_1, \ldots, X_n)$ où :

$$X_1, \ldots, X_n \qquad \text{sont des variables aléatoires réelles indépendantes ,}$$

X_i suit la loi normale de moyenne 0 et de variance 1 si $i \leq k(n)$, de moyenne θ et de variance 1 si $i > k(n)$ avec θ appartenant à $\mathbf{R}_*^+$.

On remarque facilement que $\pi_{\{1, \ldots k(n)\}} P_\theta$ représente la loi d'un $k(n)$-échantillon de loi normale centrée réduite, ce qui est différent de $P_\theta^{k(n)}$ si $k(k(n)) \neq k(n)$.

1.3 Consistance d'une règle de décision

On considère un modèle statistique $(\Omega, \mathcal{A}, P_\theta, \theta \in \Theta)$ et $X_1, \ldots, X_n$ une suite de variables aléatoires définies sur Ω, représentant les observations. Donnons-nous un espace mesurable $(D, \mathcal{D})$, (espace des "décisions"). Dans ce paragraphe, nous appellerons décision au rang n une application mesurable de $X_1, \ldots, X_n$ à valeurs dans $(D, \mathcal{D})$: $d_n(X_1, \ldots, X_n)$. Il est aussi habituel de se doter d'une fonction de perte ρ de $\Theta \times D$ à valeurs dans $\mathbf{R}^+$, mesurable en la deuxième variable (ou mesurable en (θ, d) si Θ a été muni d'une σ-algèbre). Le "risque" de la décision d_n est alors simplement la fonction de Θ dans $\mathbf{R}^+$:

$$\theta \in \Theta \ \to \ R(\theta, d_n) \ = \ E_\theta\, \rho\big(\theta, d_n(X_1, \ldots, X_n)\big) \ .$$

Définition. *Une suite d_n de décisions sera dite consistante pour la fonction de perte ρ si et seulement si,*

$$\forall \ \theta \in \Theta \ , \qquad R(\theta, d_n) \ \underset{n \to \infty}{\to} \ 0 \ .$$

Traduisons cette définition dans deux cas fondamentaux :

1.3.1 Consistance en moyenne quadratique d'une suite d'estimateurs

Supposons que l'on se propose d'estimer la quantité $g(\theta)$ (où Θ est un ouvert de $\mathbf{R}^k$ et g une fonction "régulière" de $\mathbf{R}^k$ dans $\mathbf{R}^q$). On peut alors identifier D à $\mathbf{R}^q$, $\mathcal{D}$ à sa tribu borélienne. La décision s'appelle alors un *estimateur* de $g(\theta)$. Si on prend pour fonction de perte $\rho(\theta, d) = \|g(\theta) - d\|^2$, on dira qu'une suite d'estimateurs $d_n(X_1, \ldots, X_n)$ de $g(\theta)$ est consistante pour ρ si et seulement si elle converge dans $L^2(P_\theta)$ vers $g(\theta)$ pour tout θ de Θ. En particulier, ceci implique que $d_n(X_1, \ldots, X_n)$ converge en P_θ-probabilité vers $g(\theta)$ pour tout Θ. On parle dans ce cas de "consistance faible".

Il est fréquent aussi que la convergence de $d_n(X_1, \ldots, X_n)$ vers $g(\theta)$ ait lieu P_θ-presque sûrement pour tout θ. On parle alors de "consistance forte".

Exemple 1. Si $X_1, \ldots, X_n$ est un n-échantillon de loi normale $N(\mu, \sigma^2)$, $\theta = (\mu, \sigma^2)$, $\Theta = \mathbf{R} \times \mathbf{R}_*^+$, $g(\theta) = \mu$, $d_n(X_1, \ldots, X_n) = \frac{X_1 + \cdots + X_n}{n}$ est consistante en moyenne quadratique, faiblement, fortement.

Dans les problèmes standards, toutes les procédures classiques d'estimation sont fortement consistantes. Citons les deux propositions suivantes qui règlent le cas des procédures dites de *substitution* des fréquences et des moments et dont la démonstration découle sans difficulté de la loi des grands nombres.

Exemple 2 : Modèle multinomial "courbe". Soit $(N_1, \ldots, N_k)$ une observation de loi multinomiale $\mathcal{M}_k\left(p_1(\theta), \ldots, p_{k-1}(\theta), 1 - \sum_{i=1}^{k-1} p_i(\theta) ; n\right)$, $\theta \in \Theta$, Θ ouvert de $\mathbf{R}^d$, $d \leq k$. Soit h une application de $\mathbf{R}^k$ dans $\mathbf{R}^q$ et $g(\theta) = h(p_1(\theta), \ldots, p_k(\theta))$.

Soit T_n un estimateur de $g(\theta)$ obtenu par substitution des fréquences, i.e. $T_n = h\left(\frac{N_1}{n}, \ldots, \frac{N_k}{n}\right)$.

Alors, si h est continue, T_n est fortement consistant.

Exemple 3 : Méthode des moments. Soit $X_1, \ldots, X_n$ un n-échantillon de variable aléatoire réelle, de loi F_θ telle que $E_\theta |X_1|^{r_0} < \infty$ pour tout $\theta \in \Theta$. Soit $m_j(\theta) = E_\theta X_1^j$, h une fonction de $\mathbf{R}^r$ dans $\mathbf{R}^q$ et

$$g(\theta) = h(m_1(\theta), \ldots, m_r(\theta)) \qquad (r \leq r_0).$$

Soit $\hat{m}_j = \frac{1}{n} \sum_{i=1}^n (X_i)^j$. Soit T_n un estimateur de $g(\theta)$ obtenu par la méthode des moments i.e. $T_n = h(\hat{m}_1, \ldots, \hat{m}_r)$; alors si h est continue, T_n est fortement consistant.

1.3.2 Consistance d'une suite de tests
(avec fonction perte symétrique par rapport aux deux hypothèses)

Soit une partition Θ_0, Θ_1, de l'ensemble Θ et le problème de test $H_0 = \{\theta \in \Theta_0\}$, $H_1 = \{\theta \in \Theta_1\}$. On prend $D = [0, 1]$, $\mathcal{D}$ la tribu borélienne associée. Les décisions sont alors les tests "randomisés" (d représente la "vigueur" ou probabilité avec laquelle on rejette H_0). Choisissons $\rho(\theta, d) = d \, 1_{\theta \in \Theta_0} + (1 - d) \, 1_{\theta \in \Theta_1}$. Soit, pour $\theta \in \Theta_0$, $\alpha_n(\theta) = E_\theta \, d_n(X_1, \ldots, X_n)$ l'erreur de *première espèce* du test d_n, pour $\theta \in \Theta_1$, $\beta_n(\theta) = E_\theta(1 - d_n(X_1, \ldots, X_n))$ son *erreur de deuxième espèce*. Alors la suite de décisions d_n sera consistante pour ρ si et seulement si les *deux erreurs tendent vers 0* quand n tend vers l'infini.

Exemple. Supposons que $(X_1, \ldots, X_n)$ est un échantillon de la loi normale $N(\mu, \sigma^2)$, $\theta = (\mu, \sigma^2)$, $\Theta = \mathbf{R} \times \mathbf{R}^+_*$

$$\Theta_0 = \{\mu \leq 0\} \quad , \quad \Theta_1 = \Theta \setminus \Theta_0 \, .$$

Choisissons une suite de tests "naturelle"

$$d_n(X_1, \ldots, X_n) = 1 \quad \text{si} \quad \overline{X}_n = \frac{X_1 + \cdots + X_n}{n} \geq a_n$$

$$= 0 \quad \text{sinon.}$$

Il est très facile de voir que pour toute suite a_n de réels positifs telle que $a_n \to 0$ et $\sqrt{n}\, a_n \to \infty$ la suite de tests (d_n) est consistante.

Exercice. Montrer dans cet exemple que l'on peut remplacer $\overline{X}_n$ par T_n médiane empirique de $(X_1, \ldots, X_n)$.

Il doit être maintenant clair au lecteur, que dans les modèles usuels, la consistance est une propriété banale à vérifier et qu'il est nécessaire d'introduire de nouveaux critères pour sélectionner les estimateurs (ou les tests entre eux).

1.4 Comparaison des règles de décision consistantes

1.4.1 Comparaison des procédures de tests

a) Point de vue non local

On a vu que la consistance d'une suite de tests équivaut à la convergence vers 0 des deux types d'erreurs. Le cadre "non local" consiste à étudier la *vitesse de cette convergence*. Le qualificatif non local signifie que l'on étudie cette convergence "loin" de la frontière entre Θ_0 et Θ_1 soit encore pour θ_0 fixé dans l'intérieur de Θ_0, θ_1 fixé dans l'intérieur de Θ_1.

Revenons à l'exemple du paragraphe précédent : $X_1, \ldots, X_n$ n échantillon de $N(\theta, 1)$, $\Theta_0 = \{\theta \leq 0\}$, $d_n = 1_{\overline{X}_n \geq a_n}$, $a_n > 0$, $a_n \to 0$ et $\sqrt{n}\, a_n \to +\infty$. Pour tout $\theta < 0$,

$$P_\theta(\overline{X}_n \geq a_n) = \int_{\sqrt{n}(a_n - \theta)}^{+\infty} \frac{1}{\sqrt{2\pi}} e^{-\frac{t^2}{2}} \, dt \, .$$

Or quand a tend vers l'infini,

$$\int_a^{+\infty} \frac{1}{\sqrt{2\pi}} e^{-\frac{t^2}{2}} \, dt \quad \text{est équivalent à} \quad \frac{1}{a\sqrt{2\pi}} e^{-\frac{a^2}{2}}$$

(faire le changement de variable $t = \frac{v + a^2}{a}$). On a donc

$$\forall\, \theta < 0 \quad \frac{1}{n} \log P_\theta(\overline{X}_n \geq a_n) \sim -\frac{\theta^2}{2} \, ,$$

de même

$$\forall\, \theta > 0 \qquad \frac{1}{n} \log P_\theta(\overline{X}_n < a_n) \ \sim\ -\frac{\theta^2}{2}\,.$$

Les deux erreurs tendent donc vers 0 exponentiellement vite (à condition d'exclure le point $\theta = 0$). Sous des conditions de régularité du modèle, c'est assez fréquemment le cas et l'on sera amené à comparer les procédures de tests sur leurs vitesses exponentielles (cf. chap. 4).

b) Comparaison locale

Pour la comparaison locale, on n'utilise plus la notion de consistance associée à la fonction de perte symétrique par rapport aux deux hypothèses. De façon plus classique, on se restreint aux tests de niveau inférieur ou égal à α (i.e. tel que $\alpha_n(\theta) = E_\theta d_n(X_1, \ldots, X_n) \leq \alpha,\ \forall\, \theta \in \Theta_0$) et on dira qu'une telle suite est consistante si son erreur de seconde espèce tend vers 0 (i.e. $\forall\, \theta \in \Theta_1$, $\beta_n(\theta) \to 0$). Dans l'exemple précédent on peut choisir $a_n = \frac{1}{\sqrt{n}} N^{-1}(1-\alpha)$, où N est la fonction de répartition de la gaussienne centrée réduite, alors $\alpha_n(0) = \sup_{\theta \leq 0} \alpha_n(\theta) = \alpha$ et il est facile de vérifier que pour tout $\theta > 0$, $\beta_n(\theta)$ tend vers 0 à vitesse exponentielle.

Toutefois, il est possible de construire des suites θ_n de Θ_1, θ_n convergeant vers $\overline{\Theta}_1 \cap \overline{\Theta}_0$ pour lesquelles $\beta_n(\theta_n)$ tend vers une constante strictement positive. (Dans l'exemple, $\theta_n = \frac{t}{\sqrt{n}}$, $t > 0$,

$$\begin{aligned}
\beta_n(\theta_n) &= P_{\theta_n}\big(\sqrt{n}(\overline{X}_n - \theta_n) \leq N^{-1}(1-\alpha) - t\big) \\
&= N\big(N^{-1}(1-\alpha) - t\big)\,.
\end{aligned}$$

Il sera alors possible de comparer les procédures de tests sur ces quantités limites (cf. chapitre 3).

1.4.2 Comparaison des estimateurs

Dans l'exemple $X_1, \ldots, X_n$, n échantillon de $N(\theta, 1)$, on a vu que $\overline{X}_n$ formait une suite d'estimateurs consistante de θ, par exemple pour *la perte quadratique* : i.e. $\forall\, \theta \in \Theta$, $E_\theta(\overline{X}_n - \theta)^2 \to 0$. Il est alors intéressant de se poser la question : A quelle vitesse a lieu cette convergence ?

On montre facilement que $E_\theta(\overline{X}_n - \theta)^2 = 0(\frac{1}{n})$. Ce résultat est très lié au fait que $\sqrt{n}\,(\overline{X}_n - \theta)$ admet sous P_θ une loi gaussienne centrée réduite.

De façon générale, on s'intéressera à des estimateurs T_n d'une quantité $g(\theta)$ qui ont une vitesse de convergence : i.e. pour lesquels il existe une suite déterministe B_n, $B_n > 0$, $B_n \to \infty$ telle que $B_n(T_n - g(\theta))$ converge en loi sous P_θ vers une loi connue ξ.

On montrera que cette "vitesse" B_n ne dépend pas de la suite T_n mais du modèle considéré. (Il existe une vitesse que les estimateurs "raisonnables" - moments, substitution, bayésiens, maximum de vraisemblance...- atteignent). Dans les modèles réguliers (Information de Fisher finie...) on aura, comme dans l'exemple, $B_n = \sqrt{n}$ et ξ loi gaussienne. Mais on exhibera des modèles communément utilisés pour lesquels $B_n \neq \sqrt{n}$ ou ξ non gaussienne.

Outre les possibilités de comparaison des suites d'estimateurs qu'elle offre, cette notion de vitesse d'estimation a un intérêt pratique immédiat pour la construction de régions de confiance asymptotiques. Rappelons qu'une *suite de régions* de confiance, asymptotiquement de niveau α est une suite d'ensembles aléatoires de $\mathbf{R}^q$, $\{S_n\}$ telle que, pour tout θ,

$$\varlimsup_{n \to \infty} P_\theta\big(g(\theta) \notin S_n\big) \leq \alpha .$$

Soit alors un borélien Δ de $\mathbf{R}^q$ tel que

$$P(\xi \notin \Delta) \leq \alpha \quad \text{et} \quad P(\xi \in \partial\Delta) = 0$$

où $\partial\Delta$ est la frontière de Δ ; soit une suite T_n d'estimateurs de $g(\theta)$ telle que $B_n(T_n - g(\theta))$ converge en loi sous P_θ vers la variable ξ pour tout θ. Alors la région $S_n = T_n - \frac{\Delta}{B_n}$ définit une suite de régions de confiance asymptotiquement de niveau α.

Si ξ est gaussienne centrée réduite et $B_n = \sqrt{n}$, $\Delta = \big[-N^{-1}\big(1 - \frac{\alpha}{2}\big),$ $N^{-1}\big(1 - \frac{\alpha}{2}\big)\big]$ donne la suite d'intervalles de confiance classique :

$$\left[T_n - \frac{1}{\sqrt{n}}\, N^{-1}\big(1 - \frac{\alpha}{2}\big) \, , \, T_n + \frac{1}{\sqrt{n}}\, N^{-1}\big(1 - \frac{\alpha}{2}\big)\right] .$$

Il devient naturel, pour construire des régions de confiance, de comparer les suites d'estimateurs sur la propriété de *"concentration en 0"* de la variable ξ. Si ξ est gaussienne centrée, cette propriété se lit directement sur la variance. D'où l'idée d'examiner $E_\theta B_n^2 (T_n - g(\theta))^2$. Si ξ n'est pas gaussienne on pourra plutôt étudier des quantités de type :

$$\lim P_\theta\big(|T_n - g(\theta)| > a_n\big) .$$

Ce dernier point de vue offre de plus l'avantage de permettre d'étendre la comparaison à des ordres supérieurs (Efficacité au 2nd ordre, 3ème ordre...).

Compléments de cours et exercices (1)

1.5 Problèmes de l'estimation. Estimateurs admissibles. Estimateurs bayésiens, minimax

Soit $(\Omega_n, \mathcal{A}_n, P_\theta^n)_{\theta \in \Theta}$ un modèle statistique engendré par une observation $X^{(n)}$ à valeurs dans un espace mesurable $(\mathcal{X}_n, \mathcal{B}_n)$ ($X^{(n)}$ v.a. sur Ω_n) de loi $P_{\theta, X^{(n)}}^n(dx) = p_n(x, \theta)\, d\mu_n(x)$, $x \in \mathcal{X}_n$.

En général, on sera dans la situation suivante : on réalise n observations indépendantes, de même loi P_θ, à valeurs dans un espace mesurable $(E, \mathcal{T})$, soit $x_1, x_2, \ldots, x_n$ avec $x_i \in E$. On considère alors l'espace des observations $\Omega_n = \mathcal{X}_n = E^n$, $\mathcal{A}_n = \mathcal{T}^{\otimes n}$; les projections modélisent les observations :

$$\omega = (x_1, \ldots, x_n) \ \longrightarrow \ X_i(\omega) = x_i \ , \quad i^{\text{ème}} \text{ observation ;}$$

alors $\mathcal{A}_n = \sigma(X_1, \ldots, X_n)$ et $P_\theta^n = P_\theta^{\otimes n}$. L'espace de probabilité $(\Omega_n, \mathcal{A}_n, P_\theta^n)$ ainsi défini est le *modèle statistique canonique* engendré par l'observation $X^{(n)} = (X_1, \ldots, X_n)$. Dans cette modélisation, $X_1, \ldots, X_n$ sont n v.a.i.id. (variables aléatoires indépendantes identiquement distribuées) sur $(\Omega_n, \mathcal{A}_n)$, de loi P_θ ; pour tout $\omega \in \Omega_n$, on a $\omega = X^{(n)}(\omega)$. Et si $P_\theta(du) = p(u, \theta)\, d\mu(u)$, $u \in E$, alors

$$P_{\theta, X^{(n)}}^n(dx) \ = \ p_n(x, \theta)\, d\mu_n(x)$$

avec

$$p_n(x, \theta) = \prod_{i=1}^n p(x_i, \theta) \quad , \quad x = (x_1, \ldots, x_n) \in E^n \quad , \quad \mu_n = \mu^{\otimes n} \ .$$

Le modèle ainsi construit dépend de n. De ce fait, on ne peut y étudier que des convergences en probabilité ou en loi. Cependant, il est possible de considérer grâce au théorème de Kolmogorov (cf. 1.2) le modèle associé à une suite infinie d'observations i.id. de loi P_θ : $\Omega = E^{\mathbf{N}}$, $\mathcal{A} = \mathcal{T}^{\otimes \mathbf{N}}$, $X_i(\omega) = x_i$ si $\omega = (x_1, x_2, \ldots, x_i, \ldots)$, $\mathbf{P}_\theta = P_\theta^{\otimes \mathbf{N}}$, pour étudier des convergences p.s..

La distinction n'étant pas utile dans ce chapitre, nous reprenons la notation générique $(\Omega_n, \mathcal{A}_n, P_\theta^n)$, $X^{(n)}$ observation à valeurs dans $\mathcal{X}_n$ et nous omettons les indices et exposants n pour simplifier les notations.

L'espace des paramètres Θ est inclus dans $\mathbf{R}^k$, $k \geq 1$; on suppose que Θ est ouvert dans $\mathbf{R}^k$ et il s'agit d'estimer θ (ou $g(\theta) \in \mathbf{R}^q$) à partir de l'observation X. On choisit une *fonction de perte* $L(\theta, t)$ définie sur $\mathbf{R}^k \times \mathbf{R}^k$ à valeurs dans $\mathbf{R}^+$. Un *estimateur de* θ, $T = T(X)$ est une fonction mesurable de l'observation à valeurs dans $\mathbf{R}^k$. Il a pour *fonction de risque*

$$\theta \ \longrightarrow \ R(\theta, T) \ = \ E_\theta L(\theta, T(X)) \ = \ \int_\Omega L(\theta, T(X))\, dP_\theta \ .$$

1.5.1 Comparaison des estimateurs

Définition. *L'estimateur T est au moins aussi bon (resp. meilleur) que T' si :*

$$\forall\,\theta \in \Theta \qquad R(\theta, T) \leq R(\theta, T')$$

(resp. : et

$$\exists\,\theta_0 \in \Theta \qquad R(\theta_0, T) < R(\theta_0, T')\ )\ .$$

On définit ainsi un ordre partiel. D'où :

Définition. *L'estimateur T est admissible, s'il n'existe pas d'estimateur T' meilleur que T.*

Exemple d'estimateur inadmissible. Soit $X_1, \ldots, X_n$ un n-échantillon de loi $N(\theta, 1)$, c'est-à-dire n v.a.i.id. de loi $N(\theta, 1)$, avec $\theta \in \Theta = [0, 1]$. Alors $\overline{X} = \frac{1}{n}(X_1 + \cdots + X_n)$ est inadmissible car l'estimateur $T = \overline{X}$ si $0 \leq \overline{X} \leq 1$, $T = 0$ si $\overline{X} < 0$, $T = 1$ si $\overline{X} > 1$ est meilleur que $\overline{X}$ pour la fonction de perte quadratique $L(\theta, t) = (\theta - t)^2$. (Vérifier que $(T - \theta)^2 - (\overline{X} - \theta)^2 < 0$ pour tout $\theta \in [0, 1]$).

1.5.2 Choix de la fonction de perte

En estimation, on impose souvent à la fonction de perte les propriétés suivantes

$$L(\theta, t) = \rho(\theta - t) \qquad \text{avec} \quad \rho : \mathbf{R}^k \to \mathbf{R}^+ \ , \ \rho(0) = 0 \ ,$$

ρ continue en 0 et non identiquement nulle,

$$\rho(u) = \rho(-u) \quad , \quad \rho \quad \text{convexe}.$$

On choisira le plus souvent la *fonction de perte quadratique* :

$$\rho(u) = u^2 \qquad \text{si} \quad \Theta \subset \mathbf{R}\ .$$

Remarque pratique. Dans ce cas, si $E_\theta T = \theta + b(\theta)$, alors

$$R(\theta, T) = E_\theta(T - \theta)^2 = \mathrm{Var}_\theta\, T + b^2(\theta)\ .$$

La fonction $b(\theta)$ s'appelle *le biais* de l'estimateur T. Si $b(\theta) \equiv 0$, T est *sans biais*.

Autre exemple d'estimateur inadmissible, un estimateur "non exhaustif" :

Propriété. *Soit S une statistique <u>exhaustive</u> du modèle et T un estimateur de θ. Alors $T^* = g(S) = E_\theta(T/S)$ est au moins aussi bon que T.*

Démonstration. Comme S est exhaustive, T^* est un estimateur. Il suffit d'appliquer l'inégalité de Jensen à la fonction convexe ρ. $\square$

1.5.3 Critère du minimax, critère de Bayes

Pour définir un ordre total parmi les estimateurs, on envisage d'autres critères de comparaison : le critère du "minimax", le critère de Bayes.

(a) Estimateurs minimax.

Soit T un estimateur, on définit son risque minimax par $R_T = \sup_{\theta \in \Theta} R(\theta, T)$ et T^* est dit *minimax* si $R_{T^*} = \inf_T R_T$ (T^* minimise le risque maximum)

Pour obtenir de tels estimateurs, on pourra utiliser la propriété très simple:

Propriété. *Tout estimateur admissible et de fonction de risque constante est minimax.*

Démonstration. Soit T un estimateur admissible tel que $R(\theta, T) = c$ pour tout $\theta \in \Theta$, et supposons que T' vérifie :

$$R_{T'} = \sup_\theta R(\theta, T') < R_T = c = R(\theta, T) \quad , \quad \forall\, \theta\ .$$

Alors T' serait meilleur que T et T ne serait pas admissible (cf. aussi, Ibragimov et Has'minskii, 1984, p. 24). $\square$

(b) Estimateurs de Bayes.

Soit $\nu(d\theta)$ une loi de probabilité sur Θ. Parfois, $\nu(d\theta)$ représente une information sur le paramètre θ dont on dispose avant observation : on l'appelle *loi a priori* sur le paramètre.

Soit T un estimateur, on définit son risque de Bayes relatif à la loi a priori ν (et à la fonction de perte L) par :

$$r_\nu(T) = \int_\Theta \nu(d\theta)\, R(\theta, T)\ ,$$

et $\tilde{T}$ est un estimateur de Bayes si $r_\nu(\tilde{T}) = \inf_T r_\nu(T)$.

(i) Nous allons décrire la méthode permettant de calculer les estimateurs de Bayes.

Soit $T = T(X)$ un estimateur de θ dans le modèle $(\Omega, \mathcal{A}, P_\theta, X)$. On a :

$$
\begin{aligned}
r_\nu(T) &= \int_\Theta \nu(d\theta) \int_\Omega L(\theta, T(X)) \, dP_\theta(\omega) \\
&= \int_\Theta \nu(d\theta) \int_{\mathcal{X}} L(\theta, T(x)) \, dP_{\theta,X}(x) \\
&= \int_{\Theta \times \mathcal{X}} L(\theta, T(x)) \, dQ(\theta, x)
\end{aligned}
$$

où $dQ(\theta, x) = \nu(d\theta) \otimes P_{\theta,X}(dx)$ définit une loi de probabilité sur $\Theta \times \mathcal{X}$. Plaçons-nous dans le cas (le plus fréquent dans les problèmes d'estimation) où $\nu(d\theta) = q(\theta)d\theta$, avec $q(\theta) = 0$ sur Θ^c, est à densité par rapport à la mesure de Lebesgue de $\mathbf{R}^k$. Alors

$$
\begin{aligned}
r_\nu(T) &= \int_{\Theta \times \mathcal{X}} L(\theta, T(x)) \, q(\theta) \, p(x, \theta) \, d\theta \otimes d\mu(x) \\
&= \int_{\mathcal{X}} d\mu(x) \int_\Theta L(\theta, T(x)) \, q(\theta) \, p(x, \theta) \, d\theta .
\end{aligned}
$$

Pour calculer $\tilde{T}(x)$, on minimise, pour chaque x, la fonction $a \to \varphi(a) = \int_\Theta L(\theta, a) \, q(\theta) \, p(x, \theta) \, d\theta$. D'où l'équation définissant $\tilde{T}$: pour tout $x \in \mathcal{X}$,

$$
\int_\Theta L(\theta, \tilde{T}(x)) \, q(\theta) \, p(x, \theta) \, d\theta \;=\; \inf_{a \in \Theta} \int_\Theta L(\theta, a) \, q(\theta) \, p(x, \theta) \, d\theta . \tag{1}
$$

Examinons les solutions de (1) lorsque $\Theta \subset \mathbf{R}$ et $L(\theta, a) = (\theta - a)^2$ Si $\varphi(a) = \int_\Theta (\theta - a)^2 \, q(\theta) \, p(x, \theta) \, d\theta$, en dérivant sous l'intégrale (sans chercher à justifier cette dérivation), on voit que $\varphi'(a) = 0$ si set seulement si $a = \tilde{T}(x)$ satisfait :

$$
p(x)\tilde{T}(x) \;=\; \int_\Theta \theta \, q(\theta) \, p(x, \theta) \, d\theta , \tag{2}
$$

avec

$$
p(x) \;=\; \int_\Theta q(\theta) \, p(x, \theta) \, d\theta .
$$

On vérifie bien qu'alors :

$$
\varphi(a) \;=\; \varphi(T(x)) + p(x)(\tilde{T}(x) - a)^2
$$

qui est minimum si et seulement si $a = \tilde{T}(x)$.

D'où le résultat :

$$
\tilde{T}(X) \;=\; \frac{\int_\Theta \theta \, q(\theta) \, p(X, \theta) \, d\theta}{\int_\Theta q(\theta) \, p(X, \theta) \, d\theta} \tag{3}
$$

est un estimateur de Bayes relatif à la loi a priori $q(\theta)\, d\theta$ et à la fonction de perte $L(\theta, a) = (\theta - a)^2$.

Remarquons que l'équation (2) ne définit pas $\tilde{T}(x)$ de manière unique, mais seulement $p(x)\, d\mu(x)$ p.s.. On interprète souvent ce calcul de la façon suivante :

Soit $(\mathcal{V}, X)$ un couple de v.a. à valeurs dans $\Theta \times \mathcal{X}$, défini sur un espace de probabilité $(\tilde{\Omega}, \tilde{A}, \tilde{P})$ tel que :

- $\mathcal{V}$ suive la loi $\nu(d\theta)$
- conditionnellement à $\mathcal{V} = \theta$, X suive la loi $P_{\theta, X}(dx) = p(x, \theta)\, d\mu(x)$.

(On peut définir le "sur-modèle" par $\tilde{\Omega} = \Omega \times \Theta$, $\mathcal{V}(\tilde{\omega}) = \theta$, $X(\tilde{\omega}) = X(\omega)$ si $\tilde{\omega} = (\omega, \theta)$ et $\tilde{P} = \nu(d\theta) \otimes P_{\theta}(d\omega)$.)

Alors, la loi jointe de $(\mathcal{V}, X)$ est $dQ(\theta, x) = q(\theta)\, p(x, \theta)\, d\theta\, d\mu(x)$, la loi marginale de X est $\tilde{P}_X(dx) = p(x)\, d\mu(x)$, la loi conditionnelle de $\mathcal{V}$ sachant $X = x$ est :

$$\nu(d\theta | x) \;=\; \frac{q(\theta)\, p(x, \theta)}{p(x)} \;.$$

On l'appelle *loi a posteriori sur le paramètre* (après observation) et

$$r_\nu(T) \;=\; \int_{\Theta \times \mathcal{X}} (\theta - T(x))^2\, dQ(\theta, x) \;=\; \tilde{E}(\mathcal{V} - T(X))^2$$

est minimum pour $T(X) = \tilde{T}(X) = \tilde{E}(\mathcal{V}|X)$ défini par (3), qui est l'espérance de la loi a posteriori $\nu(d\theta|X)$.

Exemple. Soit $X = (X_1, \ldots, X_n)$ un n-échantillon de loi $N(\theta, 1)$, $\theta \in \mathbf{R}$ et $L(\theta, t) = (\theta - t)^2$, $\nu(d\theta) = N(\theta_0, \gamma^2)$ (θ_0, γ^2 connus). Les calculs conduisent à

$$\nu(d\theta | x) \;=\; N \left[\frac{\theta_0 + \gamma^2 \sum_{i=1}^n x_i}{1 + n\gamma^2} \,,\; \left(\frac{1}{\gamma^2} + n \right)^{-1} \right]$$

On obtient donc :

$$\tilde{T}(X) \;=\; \frac{\frac{1}{\gamma^2}\theta_0 + n\overline{X}}{\frac{1}{\gamma^2} + n} \qquad \text{avec} \quad \overline{X} = \frac{1}{n}(X_1 + \cdots + X_n)\,.$$

Cette écriture de $\tilde{T}(X)$ permet d'interpréter l'information a priori comme une série de données précédant l'observation en nombre $\frac{1}{\gamma^2}$ et de moyenne θ_0.

On peut calculer la fonction de risque et le risque de Bayes :

$$R(\theta, \tilde{T}) \;=\; \frac{1}{(1 + n\gamma^2)^2} \left((\theta_0 - \theta)^2 + n\gamma^4 \right),$$

et

$$r_\nu(\tilde{T}) \;=\; \frac{\gamma^2}{1 + n\gamma^2} \;.$$

(On pourra comparer, en traçant leur fonction de risque, les estimateurs $\tilde{T}$ et $\overline{X} = \frac{1}{n}\sum_{i=1}^{n} X_i$).

(ii) Admissibilité des estimateurs de Bayes.
Les estimateurs de Bayes fournissent en général des estimateurs admissibles:

Propriété. *Un estimateur de Bayes $\tilde{T}$ est admissible si :*

$$\tilde{T} \quad \text{est unique} \quad , \quad P_\theta - p.s. \quad \text{pour tout} \quad \theta \in \Theta \; ; \qquad (1)$$

ou bien si

$$\left. \begin{array}{l} \nu(d\theta) \quad \text{charge tout ouvert inclus dans } \Theta \text{ et} \\ \text{pour tout estimateur } T \text{ tel que} \quad R(\theta, T) < \infty \quad \text{pour tout } \theta , \\ \text{la fonction} \quad \theta \to R(\theta, T) \quad \text{est continue.} \end{array} \right\} \qquad (2)$$

Démonstration. (1) Par l'absurde, si T est meilleur que $\tilde{T}$, alors $r_\nu(T) \leq r_\nu(\tilde{T})$ ce qui entraîne $r_\nu(T) = r_\nu(\tilde{T})$ puisque $\tilde{T}$ est bayésien et contredit l'unicité.

(2) (exercice). $\square$

1.5.4 Exercices

(1). Soit $X_1, \ldots, X_n$ un n-échantillon de loi de Bernoulli $B(\theta)$, $0 < \theta < 1$, $\left(P_\theta(X_i = 1) = \theta \; , \; P_\theta(X_i = 0) = 1 - \theta \; , \; i = 1, \ldots, n \right)$. Pour $a, b > 0$, on considère la loi a priori Béta de paramètres a, b définie par :

$$\nu_{a,b}(d\theta) = \frac{1}{B(a, b)} \, \theta^{a-1}(1-\theta)^{b-1} \, 1_{0 < \theta < 1} \, d\theta \, ,$$

et la fonction de perte $L(\theta, t) = (\theta - t)^2$.

Calculer l'estimateur de Bayes $T_{a,b}$, sa fonction de risque ; montrer qu'il est admissible ; trouver parmi les estimateurs $T_{a,b}$ un estimateur minimax. Trouver la fonction de risque de $T_{a,b}$ et celle de $\overline{X}$.

(On rappelle que

$$B(a, b) = \int_0^1 \theta^{a-1}(1-\theta)^{b-1} \, d\theta = \frac{\Gamma(a)\,\Gamma(b)}{\Gamma(a+b)}$$

où $\Gamma(a) = \int_0^{+\infty} e^{-x} \, x^{a-1} \, dx$).

Solution (abrégée). En prenant comme mesure dominante $\mu\{x\} = 1$ si $x = (x_1, \ldots, x_n) \in \{0, 1\}^n = \mathcal{X}$, on obtient :

$$p(x, \theta) = \theta^s(1-\theta)^{n-s} \quad , \quad s = \sum_{i=1}^{n} x_i \quad , \quad p(x) = \frac{B(a+s, \, b+n-s)}{B(a, b)} \quad ;$$

la loi a posteriori $\nu(d\theta|x)$ est la loi Béta de paramètres $a+s$, $b+n-s$. En utilisant la relation $\Gamma(a+1) = a\Gamma(a)$, on obtient :

$$T_{a,b}(X) \ = \ \frac{a+\sum_{i=1}^{n} X_i}{a+b+n} \ = \ \frac{(a+b)\frac{a}{a+b}+n\overline{X}}{a+b+n} \ .$$

Si l'on remarque que l'espérance de la loi $\nu_{a,b}$ est $\frac{a}{a+b}$, on peut encore interpréter, comme dans l'exemple précédent, l'information a priori comme des données préalables à l'expérience, en nombre $a+b$, de moyenne $\frac{a}{a+b}$.

La fonction de risque vaut :

$$R(\theta, T_{a,b}) \ = \ \frac{n\theta(1-\theta) + (a-\theta(a+b))^2}{(a+b+n)^2} \ .$$

Comme $p(x) > 0$ pour tout $x \in \mathcal{X}$, l'estimateur de Bayes $T_{a,b}$ est unique donc admissible.

L'équation : $\frac{d}{d\theta} R(\theta, T_{a,b}) = 0$, $\forall \ \theta \in (0,1)$ conduit à $a = b = \frac{\sqrt{n}}{2}$ et $T = \frac{\frac{1}{2}\sqrt{n}+\sum_{i=1}^{n} X_i}{n+\sqrt{n}}$ est minimax, puisqu'admissible et de fonction de risque constante :

$$R(\theta, T) \ = \ \frac{1}{4(1+\sqrt{n})^2} \ .$$

Enfin, $R(\theta, \overline{X}) = \frac{\theta(1-\theta)}{n}$. On constatera que les fonctions de risque de $\overline{X}$ et $T_{a,b}$ ne sont pas comparables.

(2). Soit $X_1, \ldots, X_n$ un n-échantillon de loi de Bernoulli $B(\theta)$. On considère la fonction de perte $L(\theta, t) = \frac{(\theta-t)^2}{\theta(1-\theta)}$ et la loi a priori $\nu_{a,b}(d\theta)$ de l'exercice (1).

Calculer l'estimateur de Bayes $T_{a,b}$ lorsque $a > 1$ et $b > 1$, puis lorsque $a = b = 1$. Ces estimateurs sont-ils admissibles, calculer leur fonction de risque.

Réponses.

$$T_{a,b} \ = \ \frac{a-1+\sum_{i=1}^{n} X_i}{a+b-2+n} \quad , \quad T_{1,1} = \overline{X}$$

(pour l'obtenir, remarquer que, si $T = g(S)$, $S = \sum_{i=1}^{n} X_i$, $r_{\nu_{1,1}}(T) = +\infty$ sauf si $g(0) = 0$ et $g(n) = 1$). Ces estimateurs sont admissibles (continuité des fonctions de risque).

(3). Soit $T_\nu(X)$ un estimateur de Bayes relatif à la loi a priori $\nu(d\theta)$ et à la fonction de perte quadratique avec $\Theta \subset \mathbf{R}$. Montrer que, si $E_\theta T_\nu(X) = \theta$ pour tout $\theta \in \Theta$, alors le risque de Bayes de T_ν est nul. En déduire que $\overline{X}$ n'est pas bayésien dans le modèle associé à un n-échantillon de loi de Bernoulli $B(\theta)$, de loi de Poisson $P(\theta)$, de loi normale $N(\theta, 1)$.

(4). Soit $X_1, \ldots, X_n$ un n échantillon de loi $N(\theta, 1)$.

a) Calculer l'estimateur de Bayes T_σ relatif à la loi a priori $N(0, \sigma^2)$ et à la fonction de perte quadratique. Calculer sa fonction de risque et son risque de Bayes (cf. exemple 1.5.3).

b) Si T est un estimateur quelconque de θ, satisfaisant $E_\theta T^2 < \infty$, pour tout $\theta \in \mathbf{R}$, montrer que $\theta \to R(\theta, T)$ est continue sur $\mathbf{R}$.

c) Démontrer, par l'absurde, que $\overline{X}$ est admissible.

(5). Soit $X_1, \ldots, X_n$ un n-échantillon de loi uniforme sur $[\theta - \frac{1}{2}, \theta + \frac{1}{2}]$, $\theta \in \mathbf{R}$, et $\nu_k(d\theta)$ la loi uniforme sur $[-k, k]$ ($k > 0$). Calculer l'estimateur de Bayes T_k relatif à ν_k et à la fonction de perte quadratique.

Réponse. (cf. chapitre 2). Si $X_{(1)} = \min_{1 \leq i \leq n} X_i$, et $X_{(n)} = \max_{1 \leq i \leq n} X_i$,

$$T_k = \frac{1}{2}\left[\min\left\{k, X_{(1)} + \frac{1}{2}\right\} + \max\left\{-k, X_{(n)} - \frac{1}{2}\right\}\right].$$

On a $\lim_{k \to +\infty} T_k = \frac{1}{2}(X_{(1)} + X_{(n)}) = T$. L'estimateur T est minimax (cf. Ibragimov et Has'minskii, p. 29-30).

1.6 Efficacité exacte (non asymptotique) et maximum de vraisemblance

Rappelons d'abord la définition de l'efficacité liée à l'inégalité de Cramér-Rao (cf. par exemple, Dacunha-Castelle et Duflo, 1982, p. 171-174), sous une forme un peu moins générale que celle donnée au début du chapitre 2).

Soit $(\Omega, \mathcal{A}, P_\theta)_{\theta \in \Theta}$ un modèle statistique, Θ un ouvert de $\mathbf{R}^k$, X une observation à valeurs dans $(\mathcal{X}, \mathcal{B})$ de loi $P_{\theta, X}(dx) = p(x, \theta)\, d\mu(x)$. On suppose que :

(I) La fonction $\theta \to \log p(x, \theta)$ est continûment dérivable μ-p.p. et pour $i = 1, \ldots, k$, $\frac{\partial}{\partial \theta_i} \log p(X, \theta)$ est dans $L^2(P_\theta)$.

(II) L'ensemble $A = \{x \ ; \ p(x, \theta) > 0\}$ ne dépend pas de θ (pour un choix des versions de $p(\cdot, \theta)$).

On appelle *information de Fisher* de l'observation X au point θ la matrice symétrique non-négative :

$$I(\theta) = \left(E_\theta\left(\frac{\partial}{\partial \theta_i} \log p(X, \theta)\, \frac{\partial}{\partial \theta_j} \log p(X, \theta)\right)\right)_{1 \leq i, j \leq k}.$$

(II') Si $\log p(x, \theta)$ est deux fois dérivable en θ, μ-p.p. et si on peut dériver deux fois sous l'intégrale la relation $\int p(x, \theta)\, d\mu(x) = 1$, alors :

$$I(\theta) = -\left(E_\theta\left(\frac{\partial^2}{\partial \theta_i\, \partial \theta_j} \log p(X, \theta)\right)\right)_{1 \leq i, j \leq k}.$$

Soit $g : \Theta \to \mathbf{R}^q$ une fonction dérivable sur Θ et $T(X) : (\Omega, \mathcal{A}) \to$ $(\mathbf{R}^q, \mathcal{B}(\mathbf{R}^q))$ un estimateur de $g(\theta)$ tel que $E_\theta T(X) = g(\theta) + b(\theta)$ avec $b(\theta)$ dérivable sur Θ. Considérons l'hypothèse :

(III) $T(X)$ est dans $L^2(P_\theta)$ et on peut intervertir intégration et dérivation par rapport à θ :

$$\frac{\partial}{\partial \theta_i} E_\theta T_j(X) = \int T_j(x) \frac{\partial}{\partial \theta_i} p(x, \theta) \, d\mu(x) \qquad \begin{matrix} i = 1, \ldots, k , \\ j = 1, \ldots, q . \end{matrix}$$

($T_j(X)$ est la j-ème coordonnée de $T(X)$).

Alors, sous les hypothèses (I)-(II)-(III), on a *l'inégalité de Cramér-Rao* : *Pour $q = 1 = k$, pour tout θ,*

$$E_\theta (T - g(\theta))^2 \geq \frac{(g'(\theta) + b'(\theta))^2}{I(\theta)} + b^2(\theta) .$$

En particulier, si $b(\theta) \equiv 0$, $g(\theta) = \theta$,

$$E_\theta (T - \theta)^2 \geq \frac{1}{I(\theta)} .$$

Pour $k, q \geq 1$, si $I(\theta)$ est inversible, et $g'(\theta)$ désigne la matrice

$$\left(\frac{\partial g_j}{\partial \theta_l}(\theta) \right)_{\substack{1 \leq j \leq q \\ 1 \leq l \leq k}}$$

(notation analogue pour $b'(\theta)$), *alors, pour tout θ,*

$$E_\theta (T - g(\theta))(T - g(\theta))^t \geq (g'(\theta) + b'(\theta)) \, I^{-1}(\theta)(g'(\theta) + b'(\theta))^t + b(\theta)b(\theta)^t$$

(où l'inégalité entre matrices symétriques $A \geq B$ signifie que la matrice $A - B$ est non-négative).

Un estimateur T est dit *efficace* si sa fonction de risque atteint la borne de Cramér-Rao. En particulier, un estimateur sans biais (e.s.b.) de $\theta \in \Theta \subset \mathbf{R}$ est efficace si sa variance est l'inverse de l'information de Fisher. Ce qui conduit à interpréter l'information de Fisher comme une *mesure de la précision* avec laquelle on peut estimer le paramètre.

Ce sont essentiellement *les modèles exponentiels* qui fournissent des exemples d'estimateurs efficaces :

Propriété. *Supposons que $p(x, \theta) = \exp[\theta \cdot T(x) - \phi(\theta)]$ avec $T : (\mathcal{X}, \mathcal{B}) \to$ $(\mathbf{R}^k, \mathcal{B}(\mathbf{R}^k))$ et*

$$\Theta = \text{Int} \left\{ \theta \in \mathbf{R}^k \; ; \int_{\mathcal{X}} \exp \theta \cdot T(x) \, d\mu(x) < \infty \right\} .$$

(On suppose Θ non vide).

Alors, $T(X)$ est un estimateur sans biais efficace de $\left(\frac{\partial \phi}{\partial \theta_j}(\theta)\,,\ j = 1, \ldots, k\right)$ $= \phi'(\theta)$ dès que $\phi''(\theta)$ est inversible.

Démonstration. On utilise le fait que ϕ est indéfiniment dérivable sur Θ (propriétés provenant de ce que $e^{\phi(\theta)}$ est une transformée de Laplace), et on dérive la relation

$$e^{\phi(\theta)} \;=\; \int_{\mathcal{X}} e^{\theta \cdot T(x)}\, d\mu(x)\,.$$

On obtient :

$$E_\theta\, T_j(X) \;=\; \frac{\partial \phi}{\partial \theta_j}(\theta)\,,$$

$$\mathrm{Cov}\,(T_j(X), T_l(X)) \;=\; \frac{\partial^2 \phi}{\partial \theta_j\, \partial \theta_l}(\theta)\,,$$

$$I(\theta) \;=\; \left(\frac{\partial^2 \phi}{\partial \theta_j\, \partial \theta_l}(\theta)\right) \;=\; \phi''(\theta)\,;$$

si $\phi''(\theta)$ est inversible, la borne de Cramér-Rao des estimateurs sans biais de $\phi'(\theta)$ est : $\phi''(\theta)\, \phi''(\theta)^{-1}\, \phi''(\theta) = \phi''(\theta)$. D'où le résultat.

Notons que si $k = 1$, on a toujours $\phi''(\theta) > 0$ sur Θ puisque ϕ est strictement convexe.

Dans ce modèle exponentiel, $T(X)$ est *l'unique* estimateur sans biais efficace de $\phi'(\theta)$ (cf. Dacunha-Castelle et Duflo, 1982, p. 169).

On a la réciproque suivante :

Théorème. *Supposons qu'un modèle statistique $(\Omega, \mathcal{A}, P_\theta, X)$ vérifie les hypothèses (I)-(II-(III) et qu'il existe une fonction $\psi(\theta)$ différentiable en θ et un estimateur $T^*(X)$ sans biais de $\psi(\theta)$ qui atteint la borne de Cramer-Rao pour tout θ. Alors $(P_\theta\,,\ \theta \in \Theta)$ est une famille exponentielle de la forme :*

$$p(x, \theta) \;=\; \exp\left[c(\theta) \cdot T^*(x) + d(\theta) + S(x)\right]\, 1_A(x)\,.$$

(Cf. Bickel et Doksum, 1977, chap. 4).

Etudions maintenant le cas où l'observation $X^{(n)} = (X_1, \ldots, X_n)$ définie sur $(\Omega_n, \mathcal{A}_n, P_\theta^n)$ est un n-échantillon de loi $P_\theta = p(\cdot, \theta)\, d\mu$, de sorte que la loi de $(X_1, \ldots, X_n)$ sous P_θ^n est donnée par :

$$P_{\theta; X^{(n)}}^n\,(dx) \;=\; p_n(x, \theta)\, d\mu_n(x)$$

avec

$$x = (x_1, \ldots, x_n) \in \mathcal{X}^n \quad , \quad p_n(x, \theta) = \prod_{i=1}^n p(x_i, \theta) \quad , \quad \mu_n = \mu^{\otimes n}\,.$$

Dans ce cas, l'information de Fisher $I_n(\theta)$ de $(X_1, \ldots, X_n)$ s'écrit :

$$I_n(\theta) = \left(E_\theta^n \left(\frac{\partial}{\partial \theta_i} \log p_n(X^{(n)}, \theta) \frac{\partial}{\partial \theta_j} \log p_n(X^{(n)}, \theta) \right) \right) = n\, I(\theta)$$

où $I(\theta)$ est l'information de Fisher de X_1.

Si $T_n = T_n(X_1, \ldots, X_n)$ est une suite d'estimateurs de $g(\theta) \in \mathbf{R}$, de biais $b_n(\theta)$, l'inégalité de Cramer-Rao s'écrit :

$$R(\theta, T_n) = E_\theta^n (T_n - g(\theta))^2 \geq \frac{(g'(\theta) + b_n'(\theta))^2}{n\, I(\theta)} + b_n^2(\theta).$$

Et si $b_n(\theta) \equiv 0$,

$$E_\theta^n \left[\sqrt{n}(T_n - g(\theta)) \right]^2 \geq \frac{g'(\theta)^2}{I(\theta)}.$$

Les estimateurs classiques (maximum de vraisemblance et estimateurs bayésiens) ne sont pas en général *exactement* efficaces (en dehors de l'estimation de la fonction $\phi'(\theta)$ par la statistique $T(X)$ dans un modèle exponentiel envisagée plus haut). C'est pourquoi, pour ne pas éliminer ces estimateurs souvent intuitifs, et pour comparer entre eux les estimateurs consistants, il est nécessaire de rechercher un critère (ou des critères) asymptotique(s) (cf. chapitre 2).

Voyons sur des exemples comment se comportent les estimateurs de maximum de vraisemblance pour un n-échantillon.

Rappelons qu'on appelle *estimateur du maximum de vraisemblance* (e.m.v.) de θ toute solution $\hat{\theta}_n$ de l'équation :

$$p_n(X^{(n)}, \hat{\theta}_n) = \sup_{\theta \in \overline{\Theta}} p_n(X^{(n)}, \theta) \qquad (X^{(n)} = (X_1, \ldots, X_n)).$$

Exemples.
(1). Soit $X_1, \ldots, X_n$ un n-échantillon de *loi de Bernoulli* $P_\theta = p(x, \theta)\, d\mu$ avec $p(x, \theta) = \theta^x (1 - \theta)^{1-x}$, $\mu\{x\} = 1$, $x = 0, 1$, $(0 < \theta < 1)$. Nous étudions a) l'estimateur $\overline{X}$ de θ, b) l'estimateur $\overline{X}(1 - \overline{X})$ de $g(\theta) = \theta(1 - \theta)$.

a)

$$p_n(X^{(n)}, \theta) = \prod_{i=1}^n p(X_i, \theta) = \theta^S (1 - \theta)^{n-S}, \quad S = \sum_{i=1}^n X_i.$$

On obtient $\hat{\theta}_n = \frac{S}{n} = \overline{X}$ comme e.m.v. de θ, $I(\theta) = E_\theta \left(\frac{\partial}{\partial \theta} \log p(X_1, \theta) \right)^2 = \frac{1}{\theta(1-\theta)}$ et $E_\theta^n (\overline{X} - \theta)^2 = \operatorname{Var}_\theta \overline{X} = \frac{1}{n\, I(\theta)}$. L'estimateur $\overline{X}$ est efficace (cas du modèle exponentiel).

b) Soit $T = \overline{X}(1 - \overline{X}) = g(\overline{X})$. On a $E_\theta^n T = \frac{n-1}{n}\theta(1-\theta)$. Et $\tilde{T} = \frac{n}{n-1}T$ est un estimateur sans biais de $g(\theta)$, de variance *minimum* parmi les e.s.b. de $g(\theta)$ car il est fonction de la statistique exhaustive minimale complète S du modèle (cf. Dacunha-Castelle et Duflo, 1982, p. 169). Toutefois, $\tilde{T}$ n'atteint pas la borne de Cramér-Rao.

En effet, cette borne (pour les e.s.b. de $g(\theta)$) vaut :

$$\frac{g'(\theta)^2}{I(\theta)} = (1 - 2\theta)^2\,\theta(1-\theta) = v(\theta)\ .$$

Il nous faut calculer $\mathrm{Var}_\theta\ \tilde{T} = E_\theta^n(\tilde{T} - g(\theta))^2$. Utilisons la relation :

$$\mathrm{Var}_\theta\ \tilde{T} = \left(\frac{n}{n-1}\right)^2 E_\theta^n(g(\overline{X}) - g(\theta))^2 - \frac{\theta^2(1-\theta)^2}{(n-1)^2}\ .$$

Par la formule de Taylor, on voit que :

$$g(\overline{X}) = g(\theta) + (\overline{X} - \theta)(1 - 2\theta) - (\overline{X} - \theta)^2\ . \tag{$*$}$$

D'où :

$$E_\theta^n(g(\overline{X}) - g(\theta))^2 = (1 - 2\theta)^2\frac{\theta(1-\theta)}{n} + E_\theta(\overline{X} - \theta)^4 - 2(1-2\theta)\,E_\theta(\overline{X} - \theta)^3\ .$$

Posons $\xi_i = X_i - \theta$, $\overline{\xi} = \overline{X} - \theta$. Comme $E_\theta\xi_i = 0$, on obtient aisément grâce à l'indépendance des ξ_i :

$$E_\theta^n\left(\sum_{i=1}^n \xi_i\right)^3 = n\,E_\theta\xi_1^3\ , \qquad \text{d'où}\quad E_\theta^n\,\overline{\xi}^3 = \frac{1}{n^2}\,\theta(1-\theta)(1-2\theta)\ ;$$

$$E_\theta^n\left(\sum_{i=1}^n \xi_i\right)^4 = n\,E_\theta\xi_1^4 + C_4^2 n(n-1)(E_\theta\xi_1^2)^2\ ,$$

d'où

$$E_\theta^n\,\overline{\xi}^4 = \frac{1}{n^3}\,\theta(1-\theta)(1 - 3\theta + 3\theta^2) + 6\,\frac{n-1}{n^3}\,\theta^2(1-\theta)^2\ .$$

Ainsi :

$$E_\theta^n\left(\sqrt{n}\,(g(\overline{X}) - g(\theta))\right)^2 = v(\theta) + \frac{1}{n}(6\theta^2(1-\theta)^2 - 2v(\theta)) - \frac{6}{n^2}\,\theta^2(1-\theta)^2\ .$$

Par suite,

$$n\,\mathrm{Var}_\theta\ \tilde{T} = E_\theta^n\left(\sqrt{n}\,(\tilde{T} - g(\theta))\right)^2 > v(\theta)\ .$$

Cependant, la borne $v(\theta)$ est atteinte *asymptotiquement* puisque :

$$\lim_n E_\theta^n\left(\sqrt{n}\,(\tilde{T} - g(\theta))\right)^2 = \lim_n E_\theta^n\left(\sqrt{n}\,(g(\overline{X}) - g(\theta))\right)^2 = v(\theta)\ .$$

Par le théorème de limite centrale, on a aussi :

$$\sqrt{n}\,(\overline{X}-\theta)\ \xrightarrow[n]{\mathcal{L}(P_\theta^n)}\ N(0,\,\theta(1-\theta))\,.$$

On en déduit grâce à (∗) que :

$$\sqrt{n}\,(g(\overline{X})-g(\theta))\ \xrightarrow[n]{\mathcal{L}(P_\theta^n)}\ N(0,v(\theta))$$

et $\tilde{T}$ vérifie la même propriété.

(2). (Exercice). Soit $X_1,\ldots,X_n$ un n-échantillon de loi $N(\theta,1)$. Calculer l'information de Fisher $I(\theta)$ associée à une observation X_1, l'e.m.v. $\hat{\theta}_n$ de θ et l'estimateur $\tilde{t}_n$ bayésien associé à la loi a priori $N(\theta_0,v^2)$. Vérifier que :

$$\lim_n E_\theta^n\big(\sqrt{n}\,(\hat{\theta}_n-\theta)\big)^2\ =\ \lim_n E_\theta^n\big(\sqrt{n}\,(\tilde{t}_n-\theta)\big)^2\ =\ \frac{1}{I(\theta)}\,.$$

Ces deux exemples illustrent le cas des modèles réguliers. Voyons des exemples de modèles non réguliers.

(3). Soit $X_1,\ldots,X_n$ un n-échantillon de loi uniforme sur $[0,\theta]$, $\theta>0$. Etudions l'e.m.v. $\hat{\theta}_n$ de θ.

On a ici $p(x,\theta)=\frac{1}{\theta}\,1_{[x\leq\theta]}$ qui n'est pas dérivable (pour x fixé) en $\theta=x$. (On a pris pour mesure dominante $\mu(dx)=1_{x\geq0}\,dx$). Dans ce cas, on pose $I(\theta)=+\infty$. Ceci est justifié intuitivement puisqu'une seule observation X_1 apporte l'information *certaine* que $\theta>X_1$. Par ailleurs, on peut toujours écrire l'inégalité de Cramér-Rao qui est triviale.

La vraisemblance (densité) du n-échantillon s'écrit :

$$p_n(X_1,\ldots,X_n,\theta)\ =\ \frac{1}{\theta^n}\,1_{(X_{(n)}\leq\theta)}\qquad \text{où}\quad X_{(n)}=\max_{1\leq i\leq n}X_i\,.$$

D'où $\hat{\theta}_n=X_{(n)}$. On vérifie aisément que :

$$E_\theta^n\big(X_{(n)}-\theta\big)^2\ =\ \frac{2\theta^2}{(n+1)(n+2)}\quad,\qquad \text{d'où}\quad \lim_n E_\theta^n\big(n(X_{(n)}-\theta)\big)^2=2\theta^2$$

et

$$n\big(\theta-X_{(n)}\big)\ \xrightarrow[n]{\mathcal{L}(P_\theta^n)}\ \text{Exp}\left(\frac{1}{\theta}\right)\,,$$

loi exponentielle de densité $\frac{1}{\theta}\exp\!\left(-\frac{x}{\theta}\right)1_{(x\geq0)}$. La vitesse est n et non pas $\sqrt{n}$, et la loi limite n'est pas gaussienne.

(4). Soit $X_1, \ldots, X_n$ un n-échantillon de loi uniforme sur $[\theta - \frac{1}{2}, \theta + \frac{1}{2}]$, $\theta \in \mathbf{R}$. La vraisemblance s'écrit en fonction de $X_{(1)} = \min_{1 \le i \le n} X_i$ et $X_{(n)} = \max_{1 \le i \le n} X_i$:

$$p_n(X_1, \ldots, X_n, \theta) = 1_{\theta - \frac{1}{2} \le X_{(1)} \le X_{(n)} \le \theta + \frac{1}{2}} = 1_{X_{(n)} - \frac{1}{2} \le \theta \le X_{(1)} + \frac{1}{2}}.$$

On peut prendre pour $\hat{\theta}_n$ n'importe quel point de $\left[X_{(n)} - \frac{1}{2}, X_{(1)} + \frac{1}{2}\right]$. Par exemple, $T_n = \frac{1}{2}(X_{(1)} + X_{(n)})$. En calculant la loi jointe de $\left(n(X_{(1)} - \theta + \frac{1}{2}), n(\theta + \frac{1}{2} - X_{(n)})\right)$ on obtient (cf. chapitre 2) :

$$n(T_n - \theta) \xrightarrow[n]{\mathcal{L}(P_\theta^n)} \frac{1}{2}(\tau_1 - \tau_2) \qquad \text{où} \quad \tau_1, \tau_2$$

sont deux variables aléatoires indépendantes, de même loi exponentielle de paramètre 1.

La vitesse de convergence est ici encore n, avec loi limite non gaussienne.

2 Méthodes asymptotiques de l'estimation

Ce chapitre présente divers critères asymptotiques utilisés pour sélectionner les estimateurs. Ces critères asymptotiques seront souvent étudiés dans un cadre simplifié pour en démonter plus facilement les mécanismes. Notre but est ici de mettre le lecteur "en conditions" pour aborder des ouvrages plus complets mais plus difficiles comme ceux d'Ibragimov et Has'minskii, 1981, Le Cam, 1986, Akahira et Takeuchi, 1981...

2 1 L'historique : le programme de Fisher et le contre-exemple de Hodges

2.1.1 Modèle régulier

Dans ce chapitre, nous appellerons "modèle régulier" l'observation de $X_1, \ldots, X_n$, n-échantillon de la loi P_θ sur $(\mathcal{X}, \mathcal{B})$, $\theta \in \Theta$ où Θ est un ouvert de $\mathbf{R}$. (Le fait de prendre $\Theta \subset \mathbf{R}$ au lieu de $\Theta \subset \mathbf{R}^k$, n'intervient que pour alléger les notations). Soit $(\Omega_n, \mathcal{A}_n, P_\theta^n) = (\mathcal{X}^n, \mathcal{B}^{\otimes n}, P_\theta^{\otimes n})$ le modèle statistique canonique associé. On supposera que $\{P_\theta, \theta \in \Theta\}$ vérifie les hypothèses de régularité suivantes :

Le modèle est dominé par une mesure μ et (1)

$$p(x, \theta) = \frac{dP_\theta}{d\mu}(x) \quad \text{est mesurable en} \quad (x, \theta).$$

La fonction $\theta \to \dot{p}(x, \theta)^{1/2}$ est absolument continue (2)
pour μ-presque tout x.

$$I(\theta) = 4 E_\theta \frac{1}{p(x, \theta)} \left[\frac{d}{d\theta} p(x, \theta)^{1/2}\right]^2 < +\infty, \quad \forall \theta \in \Theta \qquad (3)$$

et strictement positif.

$\theta \to I(\theta)$ est continue. (4)

$I(\theta)$ s'appelle information de Fisher de la loi P_θ.

Si $B_{\varepsilon\delta}(\theta) = \left\{ x, \left|1 - \sqrt{\dfrac{p(x, \theta + \varepsilon)}{p(x, \theta)}}\right| > \delta \right\}$, alors (5)

$$\sup_{|\theta - \theta_0| \leq \varepsilon} P_\theta(B_{\varepsilon\delta}(\theta)) = o(\varepsilon^2), \quad \forall \theta_0 \in \Theta.$$

$$\exists\, q > 0\, /\, \sup_{\theta \in \mathbb{R}} \frac{I(\theta)}{1 + |\theta|^q} < +\infty \tag{6}$$

$$\exists\, p > 0\, /\, \sup_{\theta \in \mathbb{R}} |\theta - \theta_0|^p\, E_{\theta_0} \left(\frac{p(X, \theta)}{p(X, \theta_0)} \right)^{1/2} < +\infty \quad \forall\, \theta_0 \in \Theta\,. \tag{7}$$

Ces hypothèses sont empruntées à Ibragimov et Has'minskii, 1981 ; nous étudierons en détail leurs conséquences au chapitre 5.

2.1.2 Efficacité

Le terme d'efficacité asymptotique a été introduit par Fisher en 1922. Le programme de Fisher consistait en deux conjectures :

1ère conjecture : Dans un modèle régulier, si $\hat{\theta}_n$ est l'estimateur du maximum de vraisemblance calculé sur les observations $(X_1, \ldots, X_n)$, on a, sous P_θ^n, $\sqrt{n}\,(\hat{\theta}_n - \theta)$ converge en loi vers une normale centrée de variance $I(\theta)^{-1}$, $\forall\, \theta \in \Theta$.

2ème conjecture : Si $T_n(X_1, \ldots, X_n)$ est une suite d'estimateurs, telle que, $\sqrt{n}\,(T_n - \theta)$ converge en loi sous P_θ^n vers une normale centrée de variance $\gamma(\theta)$, $\forall\, \theta \in \Theta$, alors

$$\gamma(\theta) \geq I^{-1}(\theta) \quad , \quad \forall\, \theta \in \Theta\,.$$

La formulation de ces deux conjectures est relativement naturelle, dans la mesure où elles représentent une généralisation de la "borne de Cramér-Rao" classique :

$$\text{A } n \text{ fixé, si } T_n \text{ est un estimateur vérifiant } E_\theta^n T_n = \theta,$$
$$\forall\, \theta \in \Theta\,, \text{ alors, } \operatorname{Var}_\theta T_n \geq (n I(\theta))^{-1}\,.$$

(cf. compléments de cours et exercices du chapitre 1).

Ibragimov et Has'minskii, 1981, ont montré que sous les conditions exposées en 2.1.1, la première conjecture de Fisher est vraie. Nous reprendrons cette démonstration au chapitre 5. Signalons que bien d'autres démonstrations de ce phénomène existent, dans les conditions d'un n-échantillon, sous des hypothèses un peu différentes (souvent plus restrictives), cf., par exemple, Rao, 1965, Cramér, 1946, Huber, 1967..., mais aussi dans des conditions d'observations très variées. Citons, parmi de nombreux auteurs, Ibragimov et Has'minskii, 1981, Milhaud, Oppenheim et Viano, 1983, Fox et Taqqu, 1986, Sweeting, 1980...

En revanche, la seconde assertion est fausse. Prouvons-le par la proposition suivante.

Proposition 1. (Contre-exemple de Hodges). *Dans un modèle régulier, supposons que $T_n(X_1, \ldots, X_n)$ soit une suite consistante d'estimateurs de θ,* *telle que $\sqrt{n}\,(T_n - \theta)$ converge en loi sous P_θ^n vers une loi gaussienne centrée, de variance $\Sigma(\theta)$, pour tout θ dans Θ, et supposons que $\sup_n E_{\theta_0}^n (n^{1/2}(T_n - \theta_0))^{2(1+\varepsilon)} < +\infty$, pour un point θ_0 de Θ et un $\varepsilon > 0$. Alors, on peut construire une suite d'estimateurs $\tilde{T}_n$, consistante et telle que $\sqrt{n}\,(\tilde{T}_n - \theta)$ converge en loi sous P_θ^n vers une gaussienne centrée de variance $\Sigma(\theta)$ pour tout θ de $\Theta \setminus \{\theta_0\}$ et $\overline{\lim}_{n \to \infty} E_{\theta_0}^n n(\tilde{T}_n - \theta_0)^2 = 0$.*

Avant de prouver la proposition, montrons qu'elle implique que nécessairement la deuxième conjecture de Fisher est fausse :

Prenons le cas particulier suivant de modèle régulier : $P_\theta = N(\theta, 1)$, $\Theta = \mathbf{R}$ et soit $\overline{X}_n = \frac{X_1 + \cdots + X_n}{n}$. Il est facile de vérifier que $\overline{X}_n$ satisfait les conditions de la proposition avec $\Sigma(\theta) = I^{-1}(\theta) = 1$, θ_0 un point quelconque de $\mathbf{R}$. $\widetilde{\overline{X}}_n$ contredit alors la deuxième conjecture de Fisher puisque $\gamma(\theta_0) = 0$.

Preuve de la proposition 1. Considérons l'estimateur transformé suivant (appelé estimateur de Hodges) :

$$\tilde{T}_n = T_n\, 1_{|T_n - \theta_0| > n^{-1/4}} + \theta_0\, 1_{|T_n - \theta_0| \leq n^{-1/4}}\ .$$

1) Montrons que $\tilde{T}_n$ est asymptotiquement normal pour $\theta \neq \theta_0$, de variance $\Sigma(\theta)$.

$$
\begin{aligned}
P_\theta^n\left(\sqrt{n}\,(\tilde{T}_n - \theta) \in [a, b]\right) =\ & P_\theta^n\left(\sqrt{n}(T_n - \theta) \in [a, b] \cap |T_n - \theta_0| > n^{-1/4}\right) \\
& + P_\theta^n\left(|T_n - \theta_0| \leq n^{-1/4}\right) 1_{\left\{(\theta_0 - \theta)n^{1/2} \in [a, b]\right\}}\ .
\end{aligned}
$$

Dans cette somme, le deuxième terme est nul pour n assez grand si $\theta \neq \theta_0$.

Le premier terme s'écrit :

$$P_\theta^n\left(\sqrt{n}\,(T_n - \theta) \in [a, b]\right) - P_\theta^n\left(|T_n - \theta_0| \leq n^{-1/4} \cap \sqrt{n}(T_n - \theta) \in [a, b]\right)\ .$$

Le deuxième terme de cette différence est majoré par

$$P_\theta^n\left(\mathrm{sign}\,(\theta - \theta_0)\,\sqrt{n}\,(T_n - \theta) \leq n^{1/4} - |\theta - \theta_0|n^{1/2}\right)\ .$$

La normalité asymptotique de $\sqrt{n}\,(T_n - \theta)$ permet de conclure que cette quantité tend vers 0 et que pour $\theta \neq \theta_0$, $\sqrt{n}\,(\tilde{T}_n - \theta)$ a même limite en loi que $\sqrt{n}\,(T_n - \theta)$.

2)

$$
\begin{aligned}
n\, E_{\theta_0}^n(\tilde{T}_n - \theta_0)^2 =\ & n\, E_{\theta_0}^n(T_n - \theta_0)^2\, 1_{|T_n - \theta_0| > n^{-1/4}} \\
\leq\ & \left[E_{\theta_0}^n\left(n^{1/2}(T_n - \theta_0)\right)^{2(1+\varepsilon)}\right]^{1/1+\varepsilon} \left[P_{\theta_0}^n\left(|T_n - \theta_0| > n^{-1/4}\right)\right]^{\varepsilon/1+\varepsilon}\ .
\end{aligned}
$$

Le premier facteur de ce produit est borné par hypothèse, le second tend vers 0 en utilisant l'inégalité Bienaymé-Tchebichev.

De tels estimateurs qui contredisent la seconde conjecture de Fisher et donc "violent" asymptotiquement la borne de Cramer-Rao, sont dits "superefficaces".

C'est à partir de cette "faille" dans les conjectures de Fisher que sont apparues différentes notions d'efficacité, qui visent, chacune à sa manière, à éliminer la classe des estimateurs superefficaces.

Une première façon d'écarter les estimateurs superefficaces consiste à imposer une condition d'uniformité :

Regardons le comportement de l'estimateur de Hodges dans le cas particulier utilisé ci-dessus $P_\theta = N(\theta, 1)$, $T_n = \overline{X}_n$. Soit θ_n la suite $\theta_0 + \frac{a}{\sqrt{n}}$, $E_{\theta_n}^n \left(\sqrt{n}\,(\overline{X}_n - \theta_n) \right)^2 = 1$, pour tout a. D'autre part,

$$\sqrt{n}(\tilde{T}_n - \theta_n) = -a + (Z_n + a)\,1_{|Z_n + a| > n^{+1/4}}\,,$$

avec Z_n une variable aléatoire qui suit une loi normale centrée réduite sous $P_{\theta_n}^n$. On a donc :

$$\lim_{n \to \infty} E_{\theta_n}^n \left(\sqrt{n}\,(\tilde{T}_n - \theta_n) \right)^2 = a^2\,.$$

On voit bien, sur cet exemple que la superefficacité de $\tilde{T}_n$ en θ_0 a lieu au détriment de l'uniformité, puisque, pour $a > 1$ on a :

$$\lim_{n \to \infty} E_{\theta_n}^n \left(\sqrt{n}(\tilde{T}_n - \theta_n) \right)^2 > 1\,.$$

Ce phénomène est général aux estimateurs superefficaces. En particulier, on montrera au chapitre 3, la proposition suivante.

Proposition. *Soit T_n une suite d'estimateurs dans un modèle régulier, telle que $\sqrt{n}(T_n - \theta)$ converge en loi sous P_θ^n vers une $N(0, \gamma^2(\theta))$. (On notera : $\sqrt{n}(T_n - \theta)(P_\theta^n) \to N(0, \gamma^2(\theta))$, uniformément sur les compacts de Θ. Si, de plus $\gamma^2(\theta)$ est bornée, alors,*

$$\gamma^2(\theta) \geq I^{-1}(\theta) \qquad \forall\, \theta \in \Theta\,.$$

Nous allons maintenant nous intéresser à des points de vue qui imposent cette uniformité de façon un peu plus légère que la proposition précédente.

2.2 Minimax Asymptotique Local

Soit $\rho_n(\theta, d)$ une famille de fonctions de perte de la forme $\rho_n(\theta, d) = \rho_n(\theta - d)$ avec $\rho_n(0) = 0$ et ρ_n continue.

Définition 1. *On dira que la suite d'estimateurs de θ, $\hat{\theta}_n$ est asymptotiquement localement efficace, pour la suite ρ_n, dans K inclus dans Θ, si pour tout ouvert non vide U, inclus dans K, on a la relation :*

$$\lim_{n \to \infty} \left\{ \inf_{T_n} \sup_{u \in U} E_u^n \rho_n(T_n - u) - \sup_{u \in U} E_u^n \rho_n(\hat{\theta}_n - u) \right\} = 0 \ .$$

Remarques.

La borne inférieure est évidemment prise sur toutes les fonctions mesurables T_n en $X_1, \ldots, X_n$.

• Si on omet la limite dans la relation précédente, on obtient simplement le fait que $\hat{\theta}_n$ est minimax sur U.

Si on pose $\rho_n(x) = \rho(x)$, continue bornée et nulle en 0, alors tous les estimateurs consistants sont équivalents. Il est donc nécessaire d'introduire une normalisation. Tout naturellement, s'introduit la vitesse de convergence de l'estimation du problème (exemple $\rho_n(x) = \rho(\sqrt{n}\,x)$ dans un modèle régulier).

On peut "localiser" la définition :

$\hat{\theta}_n$ est asymptotiquement localement efficace au point θ_0 si :

$$\lim_{\delta \to 0} \lim_{n \to \infty} \left\{ \inf_{T_n} \sup_{|u - \theta_0| < \delta} E_u^n \rho_n(T_n - u) - \sup_{|u - \theta_0| < \delta} E_u^n \rho_n(\hat{\theta}_n - u) \right\} = 0 \ .$$

Ce point de vue permet, dans beaucoup de modèles de construire des suites localement efficaces. Ceci se fait souvent en deux temps :

- On montre d'abord que pour tout T_n, $(X_1, \ldots, X_n)$ mesurable,

$$\varlimsup_{n \to \infty} \sup_{u \in U} E_u^n \rho_n(T_n - u) \geq \sup_{u \in U} L(u) \ .$$

- On exhibe ensuite une suite particulière $\hat{\theta}_n$ qui atteint cette limite :

$$\lim_{n \to \infty} E_u^n \rho_n(\hat{\theta}_n - u) = L(u) \ .$$

Les "candidats" à l'efficacité sont la plupart du temps choisis parmi les mêmes catégories d'estimateurs (estimateurs bayésiens, maximum de vraisemblance...).

Donnons ici le théorème (cf. Ibragimov et Has'minskii, 1981) qui, à la fois, exhibe la fonction L borne inférieure du problème et prouve l'optimalité d'une grande catégorie d'estimateurs bayésiens, dans une situation assez générale.

Théorème 1. *Soit $(\Omega_n, \mathcal{A}_n, P_\theta^n, \theta \in \Theta)$ une suite de modèles paramétriques. Soit $t_{n,q}$ l'estimateur bayésien de paramètre θ associé à la fonction de perte ρ_n et à la loi a priori $q(d\theta)$ sur Θ.*

Hypothèse : *Supposons que, pour toute loi a priori q absolument continue par rapport à la mesure de Lebesgue sur Θ, de densité strictement positive dans un voisinage de u dans K, on ait la relation :*

$$\lim_{n \to \infty} E_u^n \, \rho_n(t_{n,q} - u) \; = \; L(u)$$

avec L continue bornée.

Conclusion : *Alors $\forall \, T_n$, $(X_1, \ldots, X_n)$ mesurable*

$$\lim_{n \to \infty} \sup_{u \in U} E_u^n \rho_n(T_n - u) \; \geq \; \sup_{u \in U} L(u)$$

et toute suite d'estimateurs bayésiens $t_{n,q}$ associée à une loi a priori à densité (par rapport à la mesure de Lebesgue) strictement positive sur K, est localement efficace sur K pour ρ_n.

Eléments de démonstration. (cf. Ibragimov et Has'minskii, 1981)

Notons $q(\theta) \, d\theta$ la loi a priori. On va supposer $q \equiv 0$ en dehors de U. Alors,

$$\sup_{u \in U} E_u^n \, \rho_n(T_n - u) \; \geq \; \int_{\mathbb{R}} E_u^n \, \rho_n(T_n - u) \, q(u) \, du$$

$$\geq \; \int_{\mathbb{R}} E_u^n \, \rho_n(t_{n,q} - u) \, q(u) \, du \; .$$

En utilisant le lemme de Fatou, on a :

$$\lim_{n \to \infty} \int_U E_u^n \, \rho_n(t_{n,q} - u) \, q(u) \, du \; \geq \; \int_U \lim_{n \to \infty} E_u^n \, \rho_n(t_{n,q} - u) \, q(u) \, du$$

$$= \; \int_U L(u) \, q(u) \, du \; .$$

On obtient alors le résultat du théorème en utilisant la continuité de L et en choisissant q [ε]-proche d'une masse de Dirac en un point qui donne à L une valeur [ε]-proche de son supremum sur U.

Remarque. L'hypothèse du théorème peut paraître rigide. En fait, elle est assez raisonnable : il est généralement possible de montrer que l'influence de la loi a priori sur l'estimateur s'estompe quand n devient grand :

Reprenons l'exemple $P_\theta = N(\theta, 1)$, prenons q mesure gaussienne de moyenne $\overline{x}_0$, de variance $\frac{1}{n_0}$, $\rho_n(x) = nx^2$. On sait qu'alors l'estimateur bayésien $t_{n,q}$ est la moyenne de la loi a posteriori i.e. $\frac{\overline{X_n} n + n_0 \overline{x}_0}{n + n_0}$. On voit bien que quand n tend vers l'infini $t_{n,q}$ est équivalent à $\overline{X}_n$.

Calcul de L sur des exemples

Exemple 1. Si nous continuons l'exemple précédent, on obtient facilement $L(u) = 1$.

Dans un modèle régulier général (cf. 2.1.1), si l'on choisit $\rho_n(u) = \rho(\sqrt{n}\, u)$ avec ρ continue bornée, si l'on peut montrer $\sqrt{n}(t_{n,q} - u)(P_u^n)$ converge vers $N(0, I^{-1}(u))$ (ceci peut s'obtenir comme conséquence de la convergence de la suite des processus de vraisemblance sans être complètement immédiat toutefois (cf. chapitre 5)) alors, on aura clairement

$$E_u^n\, \rho_n(t_{n,q} - u) \underset{n \to \infty}{\to} L(u) = E\, \rho(Y) \qquad \text{où} \quad Y \sim N(0, I^{-1}(u)) \,.$$

Exemple 2. Normalisation non standard. Si $X_1, \ldots, X_n$ est un n échantillon de la loi uniforme sur $\left[\theta - \frac{1}{2}, \theta + \frac{1}{2}\right]$, $\theta \in \mathbf{R}$.

Si ρ est une fonction paire croissante sur $\mathbf{R}^+$, $\rho_n(u) = \rho(nu)$, $L(u) = E\, \rho\left(\frac{\tau_1 + \tau_2}{2}\right)$, où τ_1 et $-\tau_2$ sont deux variables aléatoires positives, indépendantes de même loi exponentielle $\left(P(\tau_1 > s) = e^{-s} \text{ si } s > 0\right)$.

Esquisse de démonstration. (Cf. Ibragimov et Has'minskii, 1981). Faisons la démonstration dans le cas $\rho(x) = x^2$ (sinon on s'y ramène mais l'estimateur bayésien ne s'exprime pas nécessairement aisément) et q uniforme sur $[\theta_0 - \delta, \theta_0 + \delta]$. La loi "a posteriori" est alors uniforme sur l'ensemble :

$$[\alpha_n, \beta_n] = [\theta_0 - \delta, \theta_0 + \delta] \cap \left[\sup X_i - \frac{1}{2}, \inf X_i + \frac{1}{2}\right] \,.$$

On a donc

$$t_{n,q} = \int \theta\, 1_{[\alpha_n, \beta_n]}\, d\theta = \frac{\alpha_n + \beta_n}{2}$$

d'où

$$E_\theta\, \rho_n(t_{n,q} - \theta) = E_\theta\, \rho\left(n\left(\frac{\alpha_n + \beta_n}{2} - \theta\right)\right) \,.$$

Mais un calcul simple montre que :

$$P_\theta\left(n(\frac{1}{2} + \theta - \sup X_i) > s_1, \ n(\inf X_i + \frac{1}{2} - \theta) > s_2\right)$$

converge quand n tend vers l'infini vers $e^{-(s_1 + s_2)}$. Ceci implique que pour $\theta \notin \{\theta_0 - \delta, \theta_0 + \delta\}$, (α_n, β_n) est asymptotiquement $(\sup X_i - \frac{1}{2}, \inf X_i + \frac{1}{2})$ et

$$E_\theta\, \rho_n(t_{n,q} - \theta) \to E\, \rho\left(\frac{\tau_1 + \tau_2}{2}\right) \,.$$

Exemple 3.

$$dX_n(t) = S_n(t, \theta)\, dt + dB(t)$$

où B est un Brownien sur $[0, 1]$ et $S_n(t, \theta)$ une famille de fonctions déterministes continues paramétrées par θ dans $\mathbf{R}^k$.

Si ∇_θ représente le gradient en θ, soit

$$I_n(\theta) = \int_0^1 [\nabla_\theta S_n(t, \theta)]^t\, [\nabla_\theta S_n(t, \theta)]\, dt \, .$$

Dans ce cas, on ne s'intéresse qu'à l'efficacité locale, près d'un point θ_0.

On peut alors montrer (cf. op. cit.) que si ρ est une fonction polynôme ou majorée à l'infini par un polynôme et

$$\rho_{n, \theta_0}(u) = \rho(^t u\, I_n(\theta_0)u) \, ,$$

on a

$$L(u) = \left(\frac{1}{2\pi}\right)^{\frac{k}{2}} \int_{\mathbf{R}^k} \varphi(\|y\|)\, \exp -\frac{1}{2}\|y\|^2\, (dy_1 \dots dy_k) \, .$$

$^t u$ est le transposé du vecteur u et $\| \; \|$ est la norme euclidienne.

La deuxième façon d'exclure les estimateurs superefficaces est encore liée à une propriété d'uniformité mais elle relève aussi de l'étude de la robustesse de la méthode d'estimation.

La théorie de la robustesse est l'étude des propriétés de suites d'estimateurs quand, au lieu de se situer en un point θ d'un modèle bien prévu à l'avance $\{P_\theta^n \; \theta \in \Theta\}$, il s'avère que les observations proviennent, en fait, d'un modèle "perturbé" (légèrement décalé par rapport à l'hypothèse théorique que l'on a faite) : $\{\psi(P_\theta^n, \delta_n), \; \theta \in \Theta\}$, $(\delta_n \to 0)$. Il s'agit alors de rechercher, parmi les procédures que l'on considère, lesquelles sont stables pour ces perturbations. La théorie de la robustesse étudie le problème de perturbations $\psi(P, \delta_n)$ tout à fait générales. Ici, nous allons nous limiter à des perturbations "internes" au modèle $\{P_{\theta_n}^n, \; \theta_n \in \Theta\}$. On supposera $\theta_n \to \theta$ (la perturbation doit en effet tendre vers 0 si l'on veut espérer qu'une procédure, au moins, soit convergente), suffisamment rapidement et l'on étudiera la convergence en loi de $B_n(T_n - \theta_n)$ sous la suite $P_{\theta_n}^n$ vers une variable aléatoire ξ dépendant de la suite θ_n.

Prenons d'abord l'exemple habituel : $X_1, \dots, X_n$, n-échantillon $N(\theta, 1)$, et une suite θ_n alors

$$\sqrt{n}\,(\overline{X}_n - \theta_n) \overset{P_{\theta_n}^n}{\leadsto} N(0, 1) \, .$$

La variable ξ ne dépend donc pas ici de la suite θ_n. Tandis que

$$\sqrt{n}\,(\widetilde{\overline{X}}_n - \theta_n) \overset{P_{\theta_n}^n}{\to} \delta_{\{m\}} \qquad \text{pour} \quad \theta_n = \theta_0 + \frac{m}{\sqrt{n}}$$

$$\left(\widetilde{\overline{X}}_n = \overline{X}_n \, 1_{|\overline{X}_n - \theta_0| \geq n^{-1/4}} + \theta_0 \, 1_{|\overline{X}_n - \theta_0| < n^{-1/4}} \right)$$

et que

$$\sqrt{n}\left(\widetilde{\widetilde{X}}_n - \theta\right) \overset{P_\theta^n}{\to} N(0,1) \qquad \text{pour} \quad \theta \neq \theta_0 .$$

La loi limite ξ dépend donc ici de la suite θ_n. On montrera que le phénomène que l'on observe sur cet exemple est tout à fait général. Il sera alors intéressant de se restreindre à des estimateurs présentant une stabilité de leur loi limite par rapport aux perturbations et de les comparer ensuite sur les propriétés de concentration de cette loi limite (définition 7).

Pour développer cet aspect sur des modèles généraux, on a besoin de la notion de convergence d'expériences qui fournit les outils pour choisir les suites $\{\theta_n\}$ et caractériser les lois limites. En particulier, on introduit la notion d'expérience limite au voisinage d'un point qui joue, pour une famille de probabilité le rôle de l'espace tangent pour une variété (définition 2). Le paragraphe suivant donne une esquisse de la théorie de Le Cam qui est beaucoup plus riche que ce qui est présenté ici, cf. Le Cam, 1986, Millar, 1983.

On y étudiera la définition d'expérience limite, le théorème de convolution et ses conséquences sur la comparaison des suites d'estimateurs au sens expliqué ci-dessus.

2.3 Comparaison des estimateurs sur leurs lois limites : théorème de convolution

2.3.1 Convergence d'une suite d'expériences

Soit $E_n = \{P_\theta^n , \theta \in \Theta\}$ une suite de modèles sur $(\Omega_n, \mathcal{A}_n)$ (expériences statistiques) et $E = \{P_\theta , \Theta \in \Theta\}$ sur $(\mathcal{X}, \mathcal{A})$.

Définition 2. *On dit que la suite d'expériences E_n converge vers l'expérience E, si pour tout sous-ensemble fini de Θ : $\{\theta_1, \ldots, \theta_I\}$ la variable aléatoire $Z_n = \left(\frac{dP_{\theta_1}^n}{dQ_n}, \ldots, \frac{dP_{\theta_I}^n}{dQ_n}\right)$, converge en loi sous Q_n $\left(Q_n = \frac{1}{I}\sum_{i=1}^I P_{\theta_i}^n\right)$ vers la variable $Z = \left(\frac{dP_{\theta_1}}{dQ}, \ldots, \frac{dP_{\theta_I}}{dQ}\right)$ sous la loi Q $\left(Q = \frac{1}{I}\sum_{i=1}^I P_{\theta_i}\right)$.*

Supposons maintenant que E_n provienne d'un modèle régulier (i.e. E_n consiste en l'observation d'un n échantillon associée à une famille de lois dont les propriétés de régularité ont été exposées au début de ce chapitre). On fait souvent un changement de paramètre en considérant l'expérience

$$E'_n = \left\{P^n_{\theta_0 + \frac{u}{\sqrt{n}}} , u \in U\right\}$$

(U est un voisinage ouvert de 0 dans $\mathbf{R}^d$). Ceci localise le problème en θ_0. Soit $E'_{\theta_0} = \left\{P^{\theta_0}_u , u \in U\right\}$, une expérience.

Définition 3. *On dit que E_n admet localement (au point θ_0) l'expérience limite E'_{θ_0} si E'_n converge vers E'_{θ_0}.*

On montrera au chapitre suivant le lemme qui techniquement allège le travail (il permet de s'affranchir des lois Q_n et Q) :

Lemme. *Si pour tout sous-ensemble fini de $U : \{u_1, \ldots, u_I\}$, la variable*

$$Z'_n = \left(\frac{dP_{\theta_0 + \frac{u_1}{\sqrt{n}}}}{dP^n_{\theta_0}}, \ldots, \frac{dP_{\theta_0 + \frac{u_I}{\sqrt{n}}}}{dP^n_{\theta_0}} \right)$$

converge en loi sous $P^n_{\theta_0}$ vers

$$Z' = \left(\frac{dP^{\theta_0}_{u_1}}{dP^{\theta_0}_0}, \ldots, \frac{dP^{\theta_0}_{u_I}}{dP^{\theta_0}_0} \right)$$

prise sous la loi $P^{\theta_0}_0$, alors E_n admet localement (en θ_0) l'expérience limite E'_{θ_0}.

Exemple. Si $P^n_\theta = N(\theta, 1)^{\otimes n}$ alors E_n admet localement en tout point l'expérience limite

$$E' = \{ N(u, 1) ; u \in U \} .$$

Démonstration. D'après le lemme, il suffit d'étudier la loi limite de Z'_n sous $P^n_{\theta_0}$. Or pour tout u,

$$\frac{dP^n_{\theta_0 + \frac{u}{\sqrt{n}}}}{dP^n_{\theta_0}} = \exp \left\{ u\,\xi_n - \frac{u^2}{2} \right\}$$

avec

$$\xi_n = \frac{1}{\sqrt{n}} \sum_{i=1}^n (X_i - \theta_0) \quad \text{et} \quad \xi_n \sim N(0, 1) \quad \text{sous} \quad P^n_{\theta_0} .$$

De plus

$$\frac{dP^{\theta_0}_u}{dP^{\theta_0}_0} = \exp \left\{ u\xi - \frac{u^2}{2} \right\} \qquad \text{avec} \quad \xi \sim N(0, 1)$$

sous $P^{\theta_0}_0$. Le résultat est donc ici trivial.

La proposition suivante généralise le résultat précédent à un modèle régulier général. Nous l'énonçons pour θ inclus dans **R** mais ce n'est que pour simplifier les notations.

Proposition 2. *L'expérience E_n provenant d'un modèle régulier admet localement au point θ_0 l'expérience limite $E'_{\theta_0} = \big\{ N(u, I(\theta_0)) ; u \in U \big\}$.*

Principe de démonstration. On supposera pour simplifier $\log p(x, \theta)$ deux fois dérivable. La variable Z'_n s'écrit

$$\left(\exp \left\{ u_1 \xi_n - \frac{u_1^2}{2} \gamma_n + R_n(u_1) \right\}, \ldots, \exp \left\{ u_I \xi_n - \frac{u_I^2}{2} \gamma_n + R_n(u_I) \right\} \right)$$

avec

$$\xi_n = \frac{1}{\sqrt{n}} \sum_{i=1}^{n} \frac{d}{d\theta} \log p(X_i, \theta_0) \, ,$$

$$\gamma_n = \frac{1}{n} \sum_{i=1}^{n} -\frac{d^2}{d\theta^2} \log p(X_i, \theta_0) \, .$$

Sous $P_{\theta_0}^n$, il est facile de démontrer à l'aide du théorème de la limite centrale (resp. de la loi des grands nombres) que ξ_n converge en loi vers $N(0, I(\theta_0))$ (resp. γ_n converge en probabilité vers $I(\theta_0)$).

A condition de montrer que le reste de Taylor $R_n(u)$ tend en probabilité vers 0, on obtient le résultat. On redémontrera ce résultat en toute généralité au chapitre 5.

Remarque. Il est fondamental de remarquer que l'expérience que l'on obtient en ce sens n'est pas unique : c'est en fait une classe d'équivalence déterminée par les lois des vecteurs Z' sous P^{θ_0} (ou encore Z sous Q). On peut ainsi remarquer que

$$E'_{\theta_0} = \left\{ N(u, I(\theta_0)) \, ; \, u \in U \right\} \quad \text{et} \quad E''_{\theta_0} = \left\{ W(u, I(\theta_0)) \, ; \, u \in U \right\}$$

sont équivalentes en ce sens si $W(u, I(\theta_0))$ représente la loi du processus $\{ W(t) + ut \, ; \, t \in [0, 1] \}$ où W est un mouvement Brownien de variance $I(\theta_0)$ (on appliquera Cameron-Martin). Ou encore E'_{θ_0} et $E'''_{\theta_0} = \{ N'(u, I(\theta_0)) \, ; \, u \in U \}$ où $N'(u, I(\theta_0))$ représente la loi sur $\mathbf{R}^2$: $N_2 \left(\begin{pmatrix} u \\ 0 \end{pmatrix}, \begin{pmatrix} I(\theta_0) & 0 \\ 0 & 1 \end{pmatrix} \right)$.

Définition 4. *Soit E_n une suite d'expériences $\{ P_\theta^n \, , \, \theta \in \Theta \}$ convergeant vers une expérience $E = \{ P_\theta \, , \, \theta \in \Theta \}$, T_n une suite $(\Omega_n, \mathcal{A}_n)$ mesurable, T une variable $(\Omega, \mathcal{A})$ mesurable. $T_n(P_\theta^n)$ (resp. $T(P_\theta)$) désigne la loi de T_n (resp. T) sous P_θ^n (resp. P_θ).*

Si $\forall \, \theta \in \Theta$, $T_n(P_\theta^n)$ converge en loi vers $T(P_\theta)$, on dit que la suite T_n converge vers T pour la suite d'expériences E_n.

Exemple.
$$E'_n = \left\{ N\left(\theta_0 + \frac{u}{\sqrt{n}}, 1 \right)^{\otimes n} \, ; \, u \in U \right\}$$

$$T_n = \sqrt{n}\,(\overline{X}_n - \theta_0) \quad ; \quad E' = \{ N(u, 1) \, ; \, u \in U \} \quad ; \quad T = X \, .$$

Rappelons, d'autre part, que dans une expérience E sur un espace $\mathcal{X}, \mathcal{A}$, on dit qu'une sous-tribu $\mathcal{B}$ est exhaustive si :

$$\forall\,\theta \in \Theta\,,\ \forall\,Y \in L^2(P_\theta)\,,\quad \text{il existe une version de}$$
$$E_\theta(Y|\mathcal{B})\quad \text{ne dépendant pas de } \theta\,.$$

On dit qu'une statistique est exhaustive si la sous-tribu qu'elle engendre l'est.

Définition 5. *Si T_n converge vers T pour la suite E_n et T exhaustive pour E, on dit que la suite T_n est distinguée.*

Définition 6. *Soit $E = \{P_\theta\,;\,\theta \in \Theta\}$ une expérience sur $(\mathcal{X}, \mathcal{A})$. Soit T une variable aléatoire sur $(\Omega, \mathcal{A})$ à valeurs dans $\mathbf{R}^d$, muni de sa tribu borélienne. On dit que T induit sur E un modèle de translation s'il existe une loi G sur $(\mathbf{R}^d, \mathcal{B}(\mathbf{R}^d))$ telle que*

$$\forall\,\theta \in \Theta\,,\quad T(P_\theta)(A)\,=\,G(A-\theta)\,,\quad \forall\,A \in \mathcal{B}(\mathbf{R}^d)\,.$$

Exemple. Soit l'expérience $E = \left\{ N_2 \left(\begin{pmatrix} u \\ 0 \end{pmatrix}\,;\,\begin{pmatrix} I(\theta_0) & 0 \\ 0 & 1 \end{pmatrix} \right)\,;\,u \in \mathbf{R} \right\}$ sur $(\mathbf{R}^2, \mathcal{B}(\mathbf{R}^2))$: l'observation est $X = \begin{pmatrix} X^1 \\ X^2 \end{pmatrix}$ alors $T = X^1$ induit un modèle de translation.

Théorème de convolution. *Supposons*

    (i)   *E_n converge vers E.*

    (ii)   *deux suites T_n^1, T_n^2 convergent pour E_n vers T^1, T^2.*

    (iii) *T^1 et T^2 induisent sur E un modèle de translation.*

    (iv) *T_n^1 est une suite distinguée.*

Alors, il existe une probabilité μ sur $\mathbf{R}^d$ telle que :

$$T^2(P_\theta)\,=\,\mu * T^1(P_\theta)\qquad \forall\,\theta \in \Theta\,.$$

On trouve le premier théorème de convolution dans Hájek, 1970. Une preuve plus simple due à Bickel se trouve dans Roussas, 1972. La preuve du théorème présenté ici figure dans Millar, 1983, sous des hypothèses un peu plus larges. Elle s'inspire des idées de Le Cam, 1972, en particulier pour l'utilisation d'un théorème de point fixe.

Les notions de convergence d'expériences et de suites distinguées sont dues à Le Cam, 1964, 1972.

Nous ne reprenons pas ici cette démonstration. En revanche la fin de ce paragraphe est consacrée à étudier les conséquences de ce théorème sur la comparaison des estimateurs à partir de la concentration de leurs lois limites : grâce à ce théorème, en effet, on peut à la fois construire une théorie permettant de comparer les estimateurs consistants et obtenir un critère simple pour sélectionner les estimateurs les meilleurs.

Définition 7. *On dira qu'une loi G de probabilité sur $\mathbf{R}^k$ est plus concentrée en 0 qu'une loi G' si $\forall \; \rho : \mathbf{R}^+ \rightarrow \mathbf{R}^+$ continue, nulle en zéro, croissante et convexe, $E_G \, \rho(\|X\|) \leq E_{G'} \, \rho(\|X\|)$.*

Exemples. 1) $N(0,1)$ est plus concentrée en 0 que $N(0,\sigma^2)$ si $\sigma > 1$ (évident).

2) X est plus concentrée en 0 que $X + Y$ si Y est une variable aléatoire d'espérance nulle indépendante de X :

$$
\begin{aligned}
\left(E \, \rho(\|X + Y\|)\right) &= E\left[E \, \rho(\|X + Y\|)|X\right] \\
&\geq E \, \rho(\|E(X + Y|X)\|) \qquad \text{(Jensen)} \\
&= E \, \rho(\|X\|) \, .
\end{aligned}
$$

Considérons une suite d'expériences "localisées au voisinage d'un point θ_0"

$$
\mathcal{E}_n(\theta_0) \; = \; \left\{ P^n_{\theta_0 + B_n u} \, , \, u \in U \right\}
$$

B_n est une suite déterministe positive décroissant avec n. (Un exemple de telle suite est notre précédente E'_n où P^n_θ est issu d'un modèle régulier et $B_n = \frac{1}{\sqrt{n}}$).

Hypothèse. $\mathcal{E}_n(\theta_0)$ converge vers l'expérience $\mathcal{E}(\theta_0) = \left\{ P^{\theta_0}_u \, , \, u \in U \right\}$.

Définition 8. *On dira qu'une suite τ_n d'estimateurs de θ est robustement consistante à l'ordre k s'il existe une suite c_n déterministe et tendant vers $+\infty$ telle que*

(1) $T_n = c_n(\tau_n - \theta_0)$ *converge pour la suite $\mathcal{E}_n(\theta_0)$ vers la variable T*

(2) $E_0 T = 0$

(3) $\exists \, c \, / \, P^n_{\theta_0 + B_n u}\left(\|T_n\| > M\right) \leq \dfrac{c}{M^{k+1}}$

     $\forall \, M \in \mathbf{R} \, , \, \forall \, n \, , \, \forall \, u \in U$

(4) T *induit sur $\mathcal{E}(\theta_0)$ un modèle de translation.*

Remarques. La propriété (1) traduit l'idée de convergence (existence d'une loi limite) robuste (cette convergence a lieu le long de toute l'expérience $\mathcal{E}_n(\theta_0)$).

La propriété (2) traduit une propriété de concentration.

Les propriétés (3) et (4) sont de type techniques : on a vu que (4) n'était pas strictement nécessaire pour le théorème de convolution, mais elle en modifie légèrement la conclusion. (3) est une hypothèse pour assurer une convergence des moments en plus de la convergence en loi.

Nous nous limiterons à la classe $\mathcal{C}$ des suites d'estimateurs définies dans la définition 8.

Définition 9. *Soient (τ_n^1) et (τ_n^2) deux suites de $\mathcal{C}$. On dira que (τ_n^1) est asymptotiquement plus efficace que (τ_n^2) au voisinage de θ_0, (au sens de la concentration) si*

$\forall\,\rho$ *continue croissante convexe nulle en 0 :* $\mathbf{R}^+ \to \mathbf{R}^+$ *et telle que* $\exists\,c, M$ *,* $\forall\,x$ *,* $\|x\| \geq M$ *:* $\rho(\|x\|) \leq c\|x\|^k$ *, on a*

$$\lim_n E_{\theta_0 + B_n u}^n\,\rho\big(c_n\|\tau_n^1 - \theta_0\|\big)$$
$$\leq\ \lim_n E_{\theta_0 + B_n u}^n\,\rho\big(c_n\|\tau_n^2 - \theta_0\|\big)\ ,\quad \forall\,u \in I\ .$$

On a alors le théorème suivant :

Théorème 3. *Si la classe $\mathcal{C}$ contient une suite τ_n^1 telle que $T_n^1 = c_n(\tau_n^1 - \theta_0)$ soit distinguée, alors cette suite est optimale (au sens de la concentration).*

Démonstration. Soit $(\tau_n^1) \in \mathcal{C}$, $(\tau_n^2) \in \mathcal{C}$. T_n^1 est distinguée pour $\mathcal{E}_n(\theta_0)$. Les hypothèses faites nous assurent que pour $i = 1, 2$

$$\lim_{n \to \infty} E_{\theta_0 + B_n u}^n\,\rho(\|T_n^i\|)\ =\ \int \rho(\|T\|)\,dP_u^i(T)$$
$$=\ \int \rho(\|x + u\|)\,dP_0^i(T(x))\qquad \text{(translation)}.$$

Il suffit maintenant d'utiliser le théorème de convolution pour remarquer que $P_0^2(T) = \mu * P_0^1(T)$ et l'exemple 2 suivant la définition 7 pour finir la démonstration.

2.4 Point de vue développement d'Edgeworth et efficacités d'ordres supérieurs

Ce point de vue constitue une sorte de compromis entre les deux points de vue précédents. L'essence n'est pas fondamentalement différente, mais la formulation est assez spécifique. Cette particularité est due au fait que l'on vise ici à définir des efficacités d'ordres supérieurs (cf. 2.4.2). Nous nous restreignons au cas où Θ est inclus dans $\mathbf{R}$. Toutefois, dans ce cas, l'extension à $\mathbf{R}^k$ est non triviale. Ce paragraphe s'inspire du livre de Akahira et Takeuchi, 1981. On y renvoit le lecteur en particulier pour les conditions de régularité qu'il convient d'imposer dans le cadre du modèle régulier standard. On considère des estimateurs c_n-consistants.

Définition 9. *Soit c_n une suite de nombres tendant vers l'infini. Une suite d'estimateurs $\hat{\theta}_n$ de θ sera dite c_n consistante si :*

$$\forall\, \varepsilon > 0\,,\ \forall\, v \in \Theta\,,\ \exists\, \delta > 0\,,\ L > 0 \quad \text{tels que}$$
$$\varlimsup_{n \to +\infty}\ \sup_{\|\theta - v\| < \delta}\ P_\theta^n \left\{ c_n \|\hat{\theta}_n - \theta\| \geq L \right\} \leq \varepsilon\,.$$

Remarque. Cette définition implique bien évidemment que la suite $\hat{\theta}_n$ est consistante tout court.

Dans la classe des estimateurs c_n consistants, nous allons, de plus, nous restreindre aux "estimateurs asymptotiquement médiane sans biais" :

Définition 10. *Une suite d'estimateurs $\hat{\theta}_n$, c_n consistante sera dite AMU (Asymptotically Median Unbiased) si*

$$\forall\, v \in \Theta\,,\ \exists\, \delta > 0 \quad \text{tel que :}$$
$$\lim_{n \to \infty}\ \sup_{|\theta - v| < \delta}\ \left| P_\theta^n(\hat{\theta}_n \leq \theta) - \frac{1}{2} \right| = 0\,.$$

Remarque. Cette dernière condition s'apparente à une condition classique de sans biais uniforme asymptotique si ce n'est que la condition de centrage porte ici sur la médiane à la place de l'espérance. Elle tient le rôle de la condition d'uniformité dans le point de vue minimax.

Définition 11. *Pour une suite d'estimateur $\hat{\theta}_n$, c_n consistante, AMU, une famille de fonctions de répartition $F_\theta(t)$ est appelée famille de distributions asymptotiques pour $\hat{\theta}_n$ si $\forall\, t$, $\theta \to F_\theta(t)$ est une fonction continue en θ et $\forall\, \theta$, pour tout point de continuité de $t \to F_\theta(t)$,*

$$\lim_{n \to \infty}\ \left| P_\theta^n(c_n(\hat{\theta}_n - \theta) \leq t) - F_\theta(t) \right| = 0\,.$$

Remarques.

$$\hat{\theta}_n \quad c_n \text{ consistant} \; \Rightarrow \; F_\theta(-\infty) = 0 \quad , \quad F_\theta(+\infty) = 1 \; .$$

$$\hat{\theta}_n \text{ AMU} \; \Rightarrow \; 0 \quad \text{est médiane de la distribution} \quad F_\theta \; .$$

Pour $\hat{\theta}_n$, c_n consistant, AMU, définissons les quantités :

$$G_\theta^+(t) \; = \; \varlimsup_{n \to \infty} P_\theta^n \left(c_n(\hat{\theta}_n - \theta) \leq t \right) \qquad \forall\, t \geq 0$$

$$G_\theta^-(t) \; = \; \lim_{n \to \infty} P_\theta^n \left(c_n(\hat{\theta}_n - \theta) \geq t \right) \qquad \forall\, t < 0 \; .$$

Soit θ_0, un point arbitraire de Θ. Considérons, d'abord le problème préliminaire suivant : on désire tester l'hypothèse $H^+ = \{\theta = \theta_0 + \frac{t}{c_n}\}$ contre l'hypothèse $H : \{\theta = \theta_0\}$.

Considérons l'ensemble des tests de niveau asymptotique $\frac{1}{2}$, c'est-à-dire l'ensemble

$$\Phi_{1/2} \; = \; \left\{ \varphi_n \, ; \, \varphi_n \text{ mesurable} \, , \, \varphi_n \in [0,1] \, , \, \lim_{n \to +\infty} E_{\theta_0 + tc_n^{-1}}^n(\varphi_n) = \frac{1}{2} \right\}$$

et $\beta_{\theta_0}^+(t)$ la puissance asymptotique maximale parmi ces tests :

$$\beta_{\theta_0}^+(t) \; = \; \sup_{\varphi_n \in \Phi_{1/2}} \varlimsup E_{\theta_0}^n(\varphi_n) \; .$$

Si on pose

$$A_{\hat{\theta}_n, \theta_0} \; = \; \left\{ c_n(\hat{\theta}_n - \theta_0) \leq t \right\} \; .$$

On a $\varphi_n = 1_{A_{\hat{\theta}_n, \theta_0}} \in \Phi_{1/2}$ si $\hat{\theta}_n$ AMU, c_n consistant, donc

$$G_{\theta_0}^+(t) \; \leq \; \beta_{\theta_0}^+(t) \qquad \forall\, t > 0 \; .$$

On montre par le même argument que

$$\beta_{\theta_0}^-(t) \; = \; \inf_{\varphi_n \in \Phi_{1/2}} \varliminf E_{\theta_0}^n(\varphi_n) \; \leq \; G_\theta^-(t) \quad , \quad \forall\, t < 0 \; .$$

On a donc naturellement la définition suivante :

Définition 12. *Un estimateur $\hat{\theta}_n$, c_n consistant, AMU, de distribution asymptotique F_θ sera dit asymptotiquement efficace si :*

$$\forall\, \theta \in \Theta \, , \quad F_\theta(t) \; = \; \beta_\theta^+(t) \qquad\qquad \forall\, t > 0$$

$$= \; \beta_\theta^-(t) \qquad \forall\, t < 0 \; .$$

2.4.1 Calcul de $\beta_\theta^+, (\beta_\theta^-)$ dans le cas du modèle régulier-standard

Le calcul n'est pas difficile : il suffit d'étudier le test de Neyman-Pearson. Celui-ci s'écrit $1_{T_n > c}$ avec $T_n = \sum_{i=1}^n Z_{n,i}$ où

$$Z_{n,i} = \log \frac{p(X_i, \theta_0)}{p(X_i, \theta_0 + \frac{t}{\sqrt{n}})}$$

Supposons, à nouveau, pour simplifier que $\theta \to \log p(x, \theta)$ est deux fois continûment dérivable et c déterminée par

$$P_{\theta_0 + \frac{t}{\sqrt{n}}}^n (T_n > c) \to \frac{1}{2} .$$

On peut écrire :

$$T_n = -\frac{t}{\sqrt{n}} \sum_{i=1}^n \frac{\partial}{\partial \theta} \log p(X_i, \theta_0) - \frac{t^2}{2n} \sum_{i=1}^n \frac{\partial^2}{\partial \theta^2} \log p(X_i, \theta_0) + o_{P_{\theta_0}}\left(\frac{1}{n}\right)$$

(la majoration de ce reste n'est pas évidente et sera reprise sous des conditions plus générales au chapitre 5).

On en déduit donc que sous θ_0, T_n est asymptotiquement normal de moyenne $-\frac{t^2 I(\theta_0)}{2}$ et de variance $t^2 I(\theta_0)$. Par suite :

$$\beta_{\theta_0}^+(t) = N\left(t\sqrt{I(\theta_0)}\right) .$$

$\left(N(u) = \int_{-\infty}^u \frac{1}{\sqrt{2\pi}} e^{-\frac{x^2}{2}} dx\right)$. Par un raisonnement analogue, on obtient $\beta_{\theta_0}^-(t) = \beta_{\theta_0}^+(t) = N\left(t\sqrt{I(\theta_0)}\right)$. On a donc le théorème suivant :

Théorème. *Sous les hypothèses du modèle régulier standard, si la distribution asymptotique de $\sqrt{n}(\hat{\theta}_n - \theta)$ est normale de moyenne 0, de variance $I^{-1}(\theta)$ alors $\hat{\theta}_n$ est $\sqrt{n}$-consistant, AMU et asymptotiquement efficace.*

2.4.2 Efficacités d'ordres supérieurs

Définition 13. *On dira que $\hat{\theta}_n$ est AMU d'ordre k si, $\forall v \in \Theta, \exists \delta$ tel que*

$$\lim_{n \to \infty} \sup_{|\theta - v| < \delta} c_n^{k-1} \left| P_\theta^n\{\hat{\theta}_n \leq \theta\} - \frac{1}{2} \right| = 0 .$$

Pour $\hat{\theta}_n$ AMU d'ordre k, on dira que

$$G_0(t, \theta) + c_n^{-1} G_1(t, \theta) + \cdots + c_n^{-(k-1)} G_{k-1}(t, \theta)$$

est un développement de la distribution asymptotique de $c_n(\hat{\theta}_n - \theta)$ arrêté à l'ordre k si :

$$\lim_{n \to \infty} c_n^{k-1} \left| P_\theta^n(c_n(\hat{\theta}_n - \theta) \le t) - G_0(t, \theta) - c_n^{-1}G_1(t, \theta) \right.$$

$$\left. - \cdots - c_n^{-(k-1)} G_{k-1}(t, \theta) \right| = 0 \ .$$

Remarque. Les G_i sont supposées être des fonctions continues en θ mais générales par ailleurs de sorte que le développement asymptotique arrêté à l'ordre $n > 1$ n'est pas nécessairement une fonction de répartition (alors que cela était vrai pour $k = 1$).

Considérons à nouveau le problème du test de H^+ : $\{\theta = \theta_0 + tc_n^{-1}\}$ contre $\{\theta = \theta_0\}$ $(t > 0)$ et

$$\Phi_{1/2} = \left\{ \varphi_n \ ; \ 0 \le \varphi_n \le 1 \ , \ E_{\theta_0 + tc_n^{-1}}^n (\varphi_n) = \frac{1}{2} + o(c_n^{-(k-1)}) \right\} \ .$$

Dans ce cas, s'il existe des fonctions : $H_0^+(t, \theta_0)$, $H_1^+(t, \theta_0), \ldots, H_{k-1}^+(t, \theta_0)$ telles que

$$\sup_{\varphi_n \in \Phi_{1/2}} \lim_{n \to \infty} c_n^{k-1} \left\{ E_{\theta_0}^n \varphi_n - H_0^+(t, \theta_0) - c_n^{-1} H_1^+(t, \theta_0) \right.$$

$$\left. - \cdots - c_n^{-(k-1)} H_{k-1}^+(t, \theta_0) \right\} = 0 \ ,$$

alors nécessairement $G_0(t, \theta_0) \le H_0^+(t, \theta_0)$ $\forall \, t > 0$ et

$$G_i(t, \theta_0) \ \le \ H_i^+(t, \theta_0) \qquad \forall \, t > 0 \ , \ \forall \, 1 \le i \le k - 1$$
$$G_j(t, \theta_0) = H_j^+(t, \theta_0) \qquad 0 \le j \le i - 1 \ .$$

On définira donc à nouveau :

$\hat{\theta}_n$ sera dit efficace à l'ordre k si

$$G_i(t, \theta) \ = \ H_i^+(t, \theta) \qquad \forall \, t > 0 \ , \ \forall \, \theta$$
$$= \ H_i^-(t, \theta) \qquad \forall \, t < 0 \ , \ \forall \, \theta \ , \ \forall \, i = 0, \ldots, k - 1 \ .$$

Esquisse d'étude du cas régulier standard pour $k = 2$

Supposons quelques conditions de régularité supplémentaires. En particulier l'existence des quantités suivantes :

$$J(\theta) \ = \ E_\theta \left(\frac{\partial^2}{\partial \theta^2} \log p(X, \theta) \right) \left(\frac{\partial}{\partial \theta} \log p(X, \theta) \right)$$

$$T(\theta) \ = \ E_\theta \left(\frac{\partial}{\partial \theta} \log p(X, \theta) \right)^3 \ .$$

Des techniques standard permettent d'obtenir, en complément au théorème de la limite centrale, des développements du type :

$$P\left(\frac{\sum X_i}{\sqrt{n}} \leq u\right) = \Phi_0(u) + \frac{1}{\sqrt{n}}\,\varphi_1(u) + \cdots + \frac{1}{n^{k/2}}\,\varphi_k(u) + \cdots.$$

Ces développements s'appellent développements d'Edgeworth si les φ_i ne dépendent que des moments de X d'ordres inférieurs ou égaux à $i+1$.

On montre en fait, qu'alors φ_i est la répartition associée à la mesure dont la densité est celle de Φ_0 multipliée par un polynôme d'ordre i dont les coefficients s'expriment en fonction des moments de la loi de X d'ordre $\leq i+1$. Cette technique détaillée dans Feller, 1971, ou Bhattacharya-Rao, 1986, se décrit simplement en remarquant que si $\hat{\varphi}_n$ désigne la fonction caractéristique de $\frac{\sum X_i}{\sqrt{n}}$ (on supposera pour simplifier $EX = 0$, $EX^2 = 1$), $\hat{\varphi}_n(t)$ se développe en

$$\exp\frac{t^2}{2}\left(1 + K_3\,\frac{t^3}{\sqrt{n}} + K_4\,\frac{t^4}{n} + \frac{1}{2}\,K_3^2\,\frac{t^6}{n}\right)\cdots$$

à l'ordre $\frac{1}{n}$ où les K_j sont les cumulants de la loi de X. Il "suffit" ensuite d'inverser ce développement en utilisant la base des polynômes d'Hermite H_k (H_k est défini par :

$$H_k(x) = e^{-\frac{x^2}{2}}\,\frac{\partial^k}{\partial x^k}\left(e^{\frac{x^2}{2}}\right)$$

ce qui permet de remarquer que

$$H_m(t)\,e^{\frac{t^2}{2}} = i^m \int x^m\,e^{-\frac{x^2}{2}}\,e^{itx}\,dx\,.$$

On pourra donc exprimer la densité de toute mesure dont la fonction caractéristique est de la forme un polynôme multiplié par $e^{\frac{t^2}{2}}$ en développant le polynôme dans la base d'Hermite. Il convient ensuite d'appliquer ces techniques à T_n. On obtient alors :

$$H_0(t,\theta) = N(t\sqrt{I(\theta)})$$

$$H_1(t,\theta) = \frac{3J(\theta) + 2T(\theta)}{6I(\theta)^{3/2}}\,\varphi(t\sqrt{I(\theta)})$$

$$\varphi(u) = \frac{1}{\sqrt{2\pi}}\,e^{-\frac{x^2}{2}}\,.$$

On obtient donc le théorème suivant :

Théorème. *Dans le modèle régulier standard, si la suite d'estimateurs $\hat{\theta}_n$ est telle que :*

- $\sqrt{n}(\hat{\theta}_n - \theta)$ *admet un développement d'Edgeworth*

- $E_\theta\left(\sqrt{n}(\hat{\theta}_n - \theta)\right) = -\dfrac{3J(\theta) + 2T(\theta)}{6\sqrt{n}\,I(\theta)} + o\left(\dfrac{1}{\sqrt{n}}\right)$

- $E_\theta\left(\sqrt{n}(\hat{\theta}_n - \theta)\right)^2 = I(\theta) + o\left(\left(\dfrac{1}{\sqrt{n}}\right)^2\right)$

$$E_\theta\left(\sqrt{n}(\hat{\theta}_n - \theta)\right)^3 = -\frac{3(J(\theta) + 2T(\theta))}{(\sqrt{n}\,I(\theta))^{3/2}} + o\left(\left(\frac{1}{\sqrt{n}}\right)^{3/2}\right).$$

Alors $\hat{\theta}_n$ est efficace au second ordre.

Ce théorème s'obtient en appliquant les techniques d'Edgeworth et en remarquant qu'elles ne font intervenir que les comportements des moments d'ordre inférieurs à l'ordre du développement. On ne s'étonnera pas donc, que les conditions d'efficacité ne portent que sur ces moments.

Compléments de cours et exercices (2)

Dans ce chapitre, notre but est de développer l'approche "classique" de la méthode du maximum de vraisemblance. Auparavant, quelques remarques justifiant le choix d'une asymptotique particulière pour un modèle donné nous semblent nécessaires.

2.5 Asymptotique et identifiabilité

En règle générale, les estimateurs calculés à partir d'une observation de durée finie sont difficiles à étudier et à comparer. C'est pourquoi on cherche à introduire une asymptotique. On considère le plus souvent une observation de durée infinie. L'idée est que, si l'on pouvait réellement observer un phénomène jusqu'à l'infini (de l'asymptotique), on en aurait une connaissance parfaite : tous les paramètres inconnus seraient *identifiés* et non pas seulement *estimés* (exemple 2). Toutefois, cette identifiabilité parfaite peut apparaître sans que l'asymptotique soit nécessaire (exemple 1).

Exemple 1. On réalise une observation X de loi uniforme sur $[n\,,\,n+1)$. L'entier $n \geq 0$ est le paramètre inconnu. Il est identifié sur une observation puisqu'il vaut $[x]$. En fait, pour $n \neq n'$, la loi uniforme sur $[n\,,\,n+1)$ et la loi uniforme sur $[n'\,,\,n'+1)$ sont *étrangères* (à supports disjoints).

Exemple 2. Cas d'une suite d'observations i.i.d.
On réalise une suite d'observations $(x_n\,,\,n \geq 1)$ indépendantes, de même loi P_θ sur $(\mathcal{X}, \mathcal{B})$ dépendant d'un paramètre inconnu $\theta \in \Theta \subset \mathbf{R}^k$. On suppose que toutes les lois P_θ sont équivalentes ($\forall\,\theta, \theta'$, P_θ et $P_{\theta'}$ sont mutuellement absolument continues).
   Dans ce cas, si $P_\theta(dx) = p(x, \theta)\,d\mu(x)$, on a :

$$p(x, \theta) > 0 \qquad P_{\theta'} \text{ p.s. } , \qquad \text{pour tout couple } (\theta, \theta').$$

Le modèle statistique canonique est défini par $(\Omega, \mathcal{A}, \mathbf{P}_\theta)_{\theta \in \Theta}$ où $\Omega = \mathcal{X}^{\mathbf{N}}$ est l'espace des observations, $X_n(\omega) = x_n$ si $\omega = (x_1, x_2, \ldots)$ est la $n^{\text{ème}}$ observation, $\mathcal{A} = \mathcal{B}^{\otimes \mathbf{N}} = \sigma(X_n\,,\,n \geq 1)$ et $\mathbf{P}_\theta = P_\theta^{\otimes \mathbf{N}}$ dont l'existence est assurée par le théorème de Kolmogorov. Sous $\mathbf{P}_\theta$, $(X_n\,,\,n \geq 1)$ est une suite de v.a.i.i.d. de loi P_θ. Soit $\mathcal{F}_n = \sigma(X_1, \ldots, X_n)$, et $\mathbf{P}_{\theta,n} = \mathbf{P}_\theta / \mathcal{F}_n$ la restriction de $\mathbf{P}_\theta$ à $\mathcal{F}_n$. On voit facilement que, pour tout n, $\mathbf{P}_{\theta,n}$ et $\mathbf{P}_{\theta',n}$ sont *équivalentes* avec :

$$\mathbf{P}_{\theta,n} = \prod_{i=1}^{n} \frac{p(X_i, \theta)}{p(X_i, \theta')}\,\mathbf{P}_{\theta',n}\,.$$

En revanche, sur $\mathcal{A}$, cette propriété n'est plus vraie. Si le paramétrage des lois P_θ est correct, on a au contraire :

Proposition. (Identifiabilité en θ du modèle)
Si pour $\theta \neq \theta'$, $P_\theta \neq P_{\theta'}$, alors les probabilités $\mathbf{P}_\theta$ et $\mathbf{P}_{\theta'}$ sur $(\Omega, \mathcal{A})$ sont <u>*étrangères*</u>.
(A l'issue d'une observation infinie, θ est identifié).

Démonstration. Si $\theta \neq \theta'$, il existe $A \in \mathcal{B}$ tel que $P_\theta(A) \neq P_{\theta'}(A)$. Posons $Z_n = \frac{1}{n} \sum_{i=1}^n 1_{(X_i \in A)}$. D'après la loi forte des grands nombres,

$$
\mathbf{P}_{\theta'} \left(Z_n \underset{n \to +\infty}{\to} P_\theta(A) \right) = 1 \quad \text{si} \quad \theta' = \theta
$$
$$
= 0 \quad \text{si} \quad \theta' \neq \theta \,.
$$

Ainsi, le support de $\mathbf{P}_\theta$ est inclus dans $\left\{ \omega \in \Omega \ / \ Z_n(\omega) \underset{n}{\to} P_\theta(A) \right\}$ tandis que le support de $\mathbf{P}_{\theta'}$ est inclus dans $\left\{ \omega \in \Omega \ / \ Z_n(\omega) \underset{n}{\to} P_{\theta'}(A) \right\}$. Comme $P_\theta(A) \neq P_{\theta'}(A)$, ces deux évènements sont disjoints. $\qquad \square$

L'exemple (2) décrit une situation générale : si le modèle statistique est bien paramétré au départ, au moyen d'une *hypothèse d'identifiabilité* adéquate, alors l'asymptotique doit aboutir à l'identification exacte du paramètre. Cette identification se traduit par la propriété que les lois de l'observation complète correspondant à deux valeurs distinctes du paramètre sont étrangères.

Donnons un exemple de modèle mal paramétré, ne permettant pas l'identification des paramètres.

Exemple 3. (Analyse de la variance à un facteur).
Soient Y_{ij}, $i = 1, \ldots, k$, $j = 1, \ldots, n_i$ des v.a. indépendantes telles que Y_{ij} suive la loi $N(\mu + \alpha_i, 1)$ pour $j = 1, \ldots, n_i$; le paramètre inconnu est $(\mu, \alpha_1, \ldots, \alpha_k) \in \mathbf{R}^{k+1}$. Si l'on n'ajoute pas la condition $\sum_{i=1}^k \alpha_i = 0$, ce paramètre n'est pas identifiable dans l'asymptotique $n_1, n_2, \ldots, n_k \to +\infty$.

En effet, le paramètre identifiable est $(\mu + \alpha_1, \ldots, \mu + \alpha_k) \in \mathbf{R}^k$ et l'application $(\mu, \alpha_1, \ldots, \alpha_k) \to (\mu + \alpha_1, \ldots, \mu + \alpha_k)$ n'est pas bijective.

Remarque. Au chapitre 1, nous avons considéré le modèle statistique canonique associé à un n-échantillon de loi P_θ, c'est-à-dire $\Omega_n = \mathcal{X}^n$, $\mathcal{A}_n = \mathcal{B}^{\otimes n}$, $P_\theta^n = P_\theta^{\otimes n}$, $X_1, \ldots, X_n$ étant les projections de $\mathcal{X}^n$ dans $\mathcal{X}$. Il faut distinguer P_θ^n et $\mathbf{P}_{\theta,n}$ qui ne sont pas définies sur le même espace. Sur $(\Omega_n, \mathcal{A}_n, P_\theta^n)$, on ne peut pas étudier de convergence p.s..

2 6 Estimateurs du maximum de vraisemblance (e m.v.)

2.6.1 Présentation

Soit $(\Omega_\varepsilon, \mathcal{A}_\varepsilon, P_\theta^\varepsilon)_{\theta \in \Theta}$ une famille de modèles statistiques, indexée par un paramètre $\varepsilon > 0$. Ce paramètre représentera l'asymptotique du modèle ($\varepsilon \to 0$). Par exemple, $\varepsilon = \frac{1}{n}$ correspond au cas du n-échantillon. Cette notation est commode si l'on veut envisager d'autres asymptotiques que $n \to \infty$ (pour d'autres modèles que celui du n-échantillon : cf. 2.6.6 exemples).

On suppose que $\theta \in \Theta \subseteq \mathbf{R}^k$ où Θ est un ouvert de $\mathbf{R}^k$.

Soit $X = X^\varepsilon$ l'observation définie sur $(\Omega_\varepsilon, \mathcal{A}_\varepsilon)$ à valeurs dans $(\mathcal{X}_\varepsilon, \mathcal{B}_\varepsilon)$. On suppose toujours que :

$$P_\theta^\varepsilon(dx) = p_\varepsilon(x, \theta) \, d\mu_\varepsilon(x)$$

et que les lois P_θ^ε sont toutes équivalentes. Un e.m.v. de θ est défini comme toute solution $\hat{\theta}_\varepsilon$ de l'équation :

$$p_\varepsilon(X, \hat{\theta}_\varepsilon) = \sup_{\theta \in \Theta} p_\varepsilon(X, \theta) \ . \tag{1}$$

On suppose donc, puisque les lois P_θ^ε sont équivalentes, que :

$$\{x \in \mathcal{X}_\varepsilon \ ; \ p_\varepsilon(x, \theta) > 0\} \quad \text{ne dépend pas de} \quad \theta \ .$$

On définit la log-vraisemblance de l'observation X par :

$$l_\varepsilon(\theta) = \log p_\varepsilon(X, \theta) \ .$$

On suppose que : $\theta \to l_\varepsilon(\theta)$ est continue, de classe C^2 sur Θ. Ainsi, pour calculer et étudier $\hat{\theta}_\varepsilon$, on résoudra les équations :

$$\frac{\partial l_\varepsilon}{\partial \theta_j}(\theta) = 0 \qquad j = 1, \ldots, k \ . \tag{2}$$

Nous cherchons à montrer que les e.m.v. $\hat{\theta}_\varepsilon$ vérifient les deux propriétés suivantes :

(i) Consistance faible.

$$\forall \, h > 0 \qquad P_\theta^\varepsilon \left(|\hat{\theta}_\varepsilon - \theta| > h \right) \underset{\varepsilon \to 0}{\to} 0 \qquad \text{pour tout} \quad \theta \ .$$

(ii) Loi asymptotique et vitesse de convergence.

Il existe une fonction déterministe $c(\varepsilon, \theta)$ telle que $c(\varepsilon, \theta) \underset{\varepsilon \to 0}{\to} +\infty$ et $c(\varepsilon, \theta)(\hat{\theta}_\varepsilon - \theta)$ converge en loi sous P_θ^ε, pour tout θ.

Deux éventualités se présentent :

- ou bien, on peut calculer explicitement $\hat{\theta}_\varepsilon$ (en résolvant (1) ou (2)) ; on l'étudie alors directement (cf. exemples vus plus haut).
- ou bien, $\hat{\theta}_\varepsilon$ est défini implicitement par les équations (1) ou (2). C'est le cas général. Il faut alors pouvoir l'étudier sur les équations (montrer sa consistance et trouver sa limite en loi). De plus, on peut essayer de construire un algorithme de résolution des équations de vraisemblance. Voyons un exemple.

Exemple 4. (Cf. Bickel et Doksum, 1977). On considère n ampoules électriques dont les durées de vie forment un n-échantillon de loi exponentielle de paramètre $\theta > 0$ $\left(P_\theta(dx) = \theta e^{-\theta x} 1_{x \geq 0} \, dx \right)$.

On suppose que ces ampoules ne sont inspectées qu'aux instants discrets $1, 2, \ldots, k$. Donc, en réalité, on observe les v.a. $Y_1, \ldots, Y_n$ définies par :

$$
\begin{aligned}
Y_i &= l & \text{si} \quad l - 1 < X_i \leq l \\
&= k + 1 & \text{si} \quad X_i > k & \qquad \text{(instants de panne discrétisés).}
\end{aligned}
$$

Soit

$$
N_l = \sum_{i=1}^{n} 1_{(Y_i = l)} \quad , \quad l = 1, \ldots, k+1 \quad \left(\sum_l N_l = n \right).
$$

La vraisemblance de $(Y_1, \ldots, Y_n)$ s'écrit en fonction de la statistique exhaustive $(N_1, \ldots, N_{k+1})$:

$$
p_n(Y_1, \ldots, Y_n, \theta) = \frac{n!}{N_1! \ldots N_{k+1}!} \prod_{j=1}^{k+1} p_l^{N_l}(\theta)
$$

avec

$$
p_l(\theta) = e^{-(l-1)\theta} - e^{-l\theta} \quad , \quad 1 \leq l \leq k \quad , \quad p_{k+1}(\theta) = e^{-k\theta} .
$$

On peut montrer que l'équation de vraisemblance ((2)) :

$$
l_n'(\theta) = \sum_{l=1}^{k+1} N_l \frac{p_l'(\theta)}{p_l(\theta)} = 0
$$

$$
\Longleftrightarrow \quad k N_{k+1} = \sum_{l=1}^{k+1} N_l \frac{l e^{-l\theta} - (l-1) e^{-(l-1)\theta}}{e^{-(l-1)\theta} - e^{l\theta}}
$$

a une solution unique $\hat{\theta} = \hat{\theta}_n$ dont on ne peut pas donner d'expression explicite. Par la méthode de Newton, par exemple, on peut construire une suite $\hat{\theta}^{(k)}$ qui converge vers $\hat{\theta}$ quand $k \to +\infty$:

- On part d'un estimateur $\tilde{\theta} = \hat{\theta}^{(0)}$ de θ "pas trop mauvais" (sachant que $\frac{N_{k+1}}{n}$ estime $p_{k+1}(\theta)$, on peut initialiser l'algorithme par $\tilde{\theta} = -\frac{1}{k} \log \frac{N_{k+1}}{n}$).
- Par la formule de Taylor, si $\hat{\theta}$ est proche de $\tilde{\theta}$, on a :

$$l'_n(\hat{\theta}) = 0 \cong l'_n(\tilde{\theta}) + (\hat{\theta} - \tilde{\theta}) \, l''_n(\tilde{\theta}) \, .$$

On pose alors $\hat{\theta}^{(1)} = \tilde{\theta} - \frac{l'_n(\tilde{\theta})}{l''_n(\tilde{\theta})}$ et on itère le procédé en remplaçant $\tilde{\theta}$ par $\hat{\theta}^{(1)}$.

Si l'initialisation $\tilde{\theta}$ n'est pas trop loin de $\hat{\theta}$, on peut montrer qu'on obtient ainsi une suite $\hat{\theta}^{(k)}$ qui converge vers $\tilde{\theta}$.

On verra plus loin que, si l'estimateur $\tilde{\theta}$ est bien choisi, l'estimateur $\hat{\theta}^{(1)}$ approché au premier pas se comporte asymptotiquement quand $n \to +\infty$ comme l'e.m.v. $\hat{\theta}$.

2.6.2 Problème de la consistance

Soit $\hat{\theta}_\varepsilon$ un e.m.v. défini par (1). Pour tout $h > 0$, on a :

$$\{ |\hat{\theta}_\varepsilon - \theta_0| > h \} \subset \left\{ \sup_{|\theta - \theta_0| > h} p_\varepsilon(X, \theta) \geq p_\varepsilon(X, \theta_0) \right\} \, .$$

Pour montrer la consistance de $\hat{\theta}_\varepsilon$, on montre en général que, pour tout θ_0,

$$P_{\theta_0}^\varepsilon \left(\sup_{|\theta - \theta_0| > h} p_\varepsilon(X, \theta) \geq p_\varepsilon(X, \theta_0) \right) \xrightarrow[\varepsilon \to 0]{} 0 \, .$$

Diverses démonstrations de ce résultat existent selon le cadre d'hypothèses fixées pour le modèle : hypothèses sur l'espace des paramètres Θ et sur la fonction $p_\varepsilon(X, \theta)$.

Citons par exemple pour une des plus anciennes Cramér, 1946, et pour des versions plus modernes : Ibragimov et Has'minskii, 1981, Dacunha-Castelle et Duflo, 1983, Kutoyants, 1984, Sweeting 1980).

Nous donnons simplement ici un argument heuristique qui sera complété au chapitre 5 par l'étude du processus de vraisemblance.

Log-vraisemblance et information de Kullback. *Si P et Q sont deux probabilités sur le même espace $(\mathcal{X}, \mathcal{B})$, on appelle information de Kullback de Q par rapport à P, notée $K(Q, P)$, la quantité :*

$$K(Q,P) = \begin{cases} E_Q \log \dfrac{dQ}{dP} & \text{si } Q \text{ est absolument continue par rapport à } P \\ +\infty & \text{sinon} \end{cases}$$

(cf. aussi chapitre 4).

Propriété. $K(Q,P) > 0, = 0$ *si et seulement si* $Q = P$.

Démonstration. $K(Q,P) = E_P\, \phi\big(\frac{dQ}{dP}\big)$ où la fonction $\phi(x) = x \log x + 1 - x$ est positive, nulle si et seulement si $x = 1$. Donc $K(Q,P) = 0$ si et seulement si $\frac{dQ}{dP} = 1$ P-p.s., ou encore $Q = P$. $\quad\square$

Reprenons l'exemple (2) du n-échantillon où la log-vraisemblance vaut $l_n(\theta) = \sum_{i=1}^{n} \log p(X_i, \theta)$.

Si $\theta_0, \theta \in \Theta$ sont tels que $E_{\theta_0} \left| \log \frac{p(X_1,\theta)}{p(X_1,\theta_0)} \right| < \infty$, alors

$$\frac{1}{n}\left(l_n(\theta) - l_n(\theta_0)\right) \underset{n \to +\infty}{\to} -K\left(P_{\theta_0}, P_\theta\right)$$

sous $P_{\theta_0}^n$. Grâce à l'hypothèse d'identifiabilité $(\theta \neq \theta' \Rightarrow P_\theta \neq P_{\theta'})$, la fonction $\theta \to -K\left(P_{\theta_0}, P_\theta\right)$ admet un unique maximum en $\theta = \theta_0$. On peut, en général, en déduire que :

$$\hat\theta_n = \underset{\theta}{\text{Arg max}}\, \frac{1}{n}\left(l_n(\theta) - l_n(\theta_0)\right) \underset{n \to +\infty}{\overset{P_{\theta_0}^n}{\to}} \theta_0 = \underset{\theta}{\text{Arg max}}\, -K\left(P_{\theta_0}, P_\theta\right)$$

(cf. Dacunha-Castelle et Duflo, 1983, chapitre 3, Contrastes et chapitre 5).

2.6.3 Recherche d'une loi asymptotique

Pour étudier la limite en loi d'un e.m.v., la méthode classique consiste à faire un développement de Taylor de $l'_\varepsilon(\theta)$ autour de $\hat\theta_\varepsilon$. On supposera :

(H0) Θ ouvert, $\theta \to l_\varepsilon(\theta)$ de classe C^2 sur Θ $(\mu_\varepsilon\text{–p.p.})$ et $\hat\theta_\varepsilon$ consistant.

En prenant $k = 1$ pour simplifier, on obtient l'équation :

$$0 = l'_\varepsilon(\hat\theta_\varepsilon) = l'_\varepsilon(\theta) + (\hat\theta_\varepsilon - \theta)\left[l''_\varepsilon(\theta) + R_\varepsilon(\hat\theta_\varepsilon - \theta)\right]$$

avec

$$R_\varepsilon(h) = \int_0^1 \left(l''_\varepsilon(\theta + sh) - l''_\varepsilon(\theta)\right) ds\,.$$

D'où :

$$\hat\theta_\varepsilon - \theta = -\frac{l'_\varepsilon(\theta)}{l''_\varepsilon(\theta) + R_\varepsilon(\hat\theta_\varepsilon - \theta)}\,.$$

La démarche à suivre est alors la suivante :

On suppose qu'il existe une fonction déterministe $c(\varepsilon)$ telle que $\lim_{\varepsilon \to 0} c(\varepsilon) = +\infty$ et :

(H1) $-\frac{1}{c^2(\varepsilon)} l''_\varepsilon(\theta)$ converge en probabilité sous P_θ^ε vers la constante *positive* déterministe $I(\theta)$.

(H2) $\frac{1}{c(\varepsilon)} l'_\varepsilon(\theta)$ converge en loi sous P_θ^ε vers la loi gaussienne $N(0, I(\theta))$.

(H3) $\sup_{|\alpha| \le r_\varepsilon} \left| \frac{1}{c^2(\varepsilon)} \left(R_\varepsilon(\theta + \alpha) - R_\varepsilon(\theta) \right) \right| \underset{\varepsilon \to 0}{\to} 0$ en probabilité sous P_θ^ε

pour toute v.a. r_ε telle que $r_\varepsilon \overset{P_\theta^\varepsilon}{\to} 0$.

Alors sous (H0)-(H3), $c(\varepsilon)(\hat{\theta}_\varepsilon - \theta)$ converge en loi sous P_θ^ε vers la loi gaussienne $N(0, I^{-1}(\theta))$ (version multidimensionnelle : $I(\theta)$ est une matrice $k \times k$ qui doit être inversible).

Le carré de la vitesse de convergence de l'e.m.v. $\hat{\theta}_\varepsilon$ est donc déterminée par la vitesse de convergence de $l''_\varepsilon(\theta)$ qui est *la première quantité à étudier*. En effet, en règle générale, (H1) implique (H2), par exemple moyennant des hypothèses d'uniformité sur la convergence dans (H1) (cf. Sweeting, 1980, par exemple). De plus, dans certains modèles, il apparaît que, pour une fonction déterministe $c(\varepsilon, \theta)$ telle que $\lim_{\varepsilon \to 0} c(\varepsilon, \theta) = +\infty$, $-l''_\varepsilon(\theta)/c^2(\varepsilon, \theta)$ converge vers une limite $\mathcal{I}(\theta)$ aléatoire (modèles à information aléatoire). Dans ce cas, on peut souvent montrer que : $c(\varepsilon, \theta)(\hat{\theta}_\varepsilon - \theta)$ converge en loi sous P_θ^ε vers la loi de $Z/\sqrt{\mathcal{I}(\theta)}$ où Z est une v.a. $N(0,1)$ indépendante de $\mathcal{I}(\theta)$ (cf. Sweeting, 1980 et compléments de cours et exercices (3) ; cf. également, estimation de la moyenne de la loi de reproduction d'un processus de Galton-Watson, Dacunha-Castelle et Duflo, 1983, p. 144 et s., Dacunha-Castelle, Duflo et Genon-Catalot, 1984, p. 81 et s., Touati, 1989,...).

Revenons à l'exemple (2) du n-échantillon. On considère les hypothèses suivantes $(k = 1)$:

- $\theta \to p(x, \theta)$ de classe C^2 sur Θ, $\hat{\theta}_n$ consistant
- $\frac{\partial}{\partial \theta} \log p(X_1, \theta)$ est une v.a. centrée sous P_θ, pour tout θ et

$$E_\theta \left(\frac{\partial}{\partial \theta} \log p(X_1, \theta) \right)^2 = I(\theta) = -E_\theta \frac{\partial^2}{\partial \theta^2} \log p(X_1, \theta) \in (0, +\infty) .$$

- Il existe une v.a. h sur $(\mathcal{X}, \mathcal{B})$ P_θ-intégrable telle que

$$\forall x \in \mathcal{X} , \forall \theta \in \Theta , \qquad \left| \frac{\partial^2}{\partial \theta^2} \log p(x, \theta) \right| \le h(x) .$$

Dans ce cas, $c(\frac{1}{n}) = \sqrt{n}$ et on a :

$$-\frac{1}{n} l''_n(\theta) \underset{n \to +\infty}{\overset{P_\theta}{\to}} I(\theta) \qquad \text{(Loi des grands nombres)}$$

$$\frac{1}{\sqrt{n}} l'_n(\theta) \overset{\mathcal{L}(P_\theta)}{\to} N(0, I(\theta)) \qquad \text{(Théorème de la limite centrale)}.$$

Enfin, la dernière hypothèse permet de contrôler le reste de Taylor pour obtenir (H3) (cf. Dacunha-Castelle et Duflo, 1983, p. 101-102).

En conclusion, on obtient non seulement :

$$\sqrt{n}\,(\hat{\theta}_n - \theta) \overset{\mathcal{L}(P_\theta)}{\to} N(0, I(\theta)^{-1})\,,$$

mais on a en plus :

$$I(\theta)\,\sqrt{n}\,(\hat{\theta}_n - \theta) - \frac{1}{\sqrt{n}}\,l'_n(\theta) \overset{P_\theta}{\to} 0$$

c'est l'efficacité asymptotique *au sens de Rao.*

Dans le cas particulier du modèle exponentiel où

$$P_\theta(dx) = \exp\{\theta \cdot T(x) - \phi(\theta)\}\,\mu\,(dx)$$

avec

$$\Theta = \text{Int}\left\{\theta\ ;\ \int \exp\theta \cdot T(x)\,\mu\,(dx < \infty\right\}\,.$$

Si Θ est non vide, ϕ est de classe C^∞ sur Θ, $\phi'' > 0$, et $\hat{\theta}_n = (\phi')^{-1}(\overline{T}_n)$ avec $\overline{T}_n = \frac{1}{n}\sum_{i=1}^n T(X_i)$ s'étudie aisément à partir de $\overline{T}_n$:

$$\sqrt{n}\,(\hat{\theta}_n - \theta) \overset{\mathcal{L}(P_\theta)}{\to} N\left(0\,, \frac{1}{\phi''(\theta)}\right)\,.$$

2.6.4 Approximation de l'e.m.v.

Supposons que l'on dispose d'un estimateur $\tilde{\theta}_\varepsilon$ de θ. On définit l'estimateur approché θ_ε^* de $\hat{\theta}_\varepsilon$ par la formule :

$$0 = l'_\varepsilon(\tilde{\theta}_\varepsilon) + (\theta_\varepsilon^* - \tilde{\theta}_\varepsilon)\,l''_\varepsilon(\tilde{\theta}_\varepsilon)$$

c'est-à-dire :

$$\theta_\varepsilon^* = \tilde{\theta}_\varepsilon - \frac{l'_\varepsilon(\tilde{\theta}_\varepsilon)}{l''_\varepsilon(\tilde{\theta}_\varepsilon)}\,.$$

Cela revient à arrêter au *premier pas* l'algorithme de Newton de résolution de l'équation $l'_\varepsilon(\hat{\theta}_\varepsilon) = 0$. L'estimateur θ_ε^* est explicite alors que $\hat{\theta}_\varepsilon$ ne l'est pas en général et on a le résultat suivant :

Théorème. *On suppose que $\hat{\theta}_\varepsilon$ est un e.m.v. de θ satisfaisant aux hypothèses (H0)-(H3). Si $c(\varepsilon)(\tilde{\theta}_\varepsilon - \theta)$ est borné en probabilité P_θ^ε pour tout θ, alors $c(\varepsilon)(\hat{\theta}_\varepsilon - \theta_\varepsilon^*) \underset{\varepsilon \to 0}{\to} 0$ en probabilité P_θ^ε pour tout θ. En particulier, $c(\theta)(\theta_\varepsilon^* - \theta)$ a même limite en loi que $c(\varepsilon)(\hat{\theta}_\varepsilon - \theta)$.*

Démonstration. Posons

$$r_\varepsilon(\alpha) \;=\; \int_0^1 l''_\varepsilon(\theta + s(\alpha - \theta))\, ds\;.$$

On a :

$$l'_\varepsilon(\hat\theta_\varepsilon) \;=\; 0 \;=\; l'_\varepsilon(\theta) + (\hat\theta_\varepsilon - \theta)\, r_\varepsilon(\hat\theta_\varepsilon)$$

et

$$l'_\varepsilon(\tilde\theta_\varepsilon) \;=\; l'_\varepsilon(\theta) + (\tilde\theta_\varepsilon - \theta)\, r_\varepsilon(\tilde\theta_\varepsilon)\;.$$

Donc

$$\begin{aligned}
\hat\theta_\varepsilon - \theta^*_\varepsilon \;&=\; (\hat\theta_\varepsilon - \theta) - (\tilde\theta_\varepsilon - \theta) + \frac{l'_\varepsilon(\tilde\theta_\varepsilon)}{l''_\varepsilon(\tilde\theta_\varepsilon)} \\[2mm]
&=\; -\frac{l'_\varepsilon(\theta)}{r_\varepsilon(\hat\theta_\varepsilon)} + \frac{l'_\varepsilon(\theta)}{r_\varepsilon(\tilde\theta_\varepsilon)} + l'_\varepsilon(\tilde\theta_\varepsilon)\left[\frac{1}{l''_\varepsilon(\tilde\theta_\varepsilon)} - \frac{1}{r_\varepsilon(\tilde\theta_\varepsilon)}\right] \\[2mm]
&=\; l'_\varepsilon(\theta)\left[\frac{1}{l''_\varepsilon(\tilde\theta_\varepsilon)} - \frac{1}{r_\varepsilon(\hat\theta_\varepsilon)}\right] + (\tilde\theta_\varepsilon - \theta)\left[\frac{r_\varepsilon(\theta_\varepsilon)}{l''_\varepsilon(\tilde\theta_\varepsilon)} - 1\right]\;.
\end{aligned}$$

Les v.a. $\frac{1}{c(\varepsilon)}\, l'_\varepsilon(\theta)$ et $c(\varepsilon)(\tilde\theta_\varepsilon - \theta)$ sont bornées en probabilité ; les v.a. $c^2(\varepsilon)\big(\frac{1}{l''_\varepsilon(\tilde\theta_\varepsilon)} - \frac{1}{r_\varepsilon(\hat\theta_\varepsilon)}\big)$ et $\frac{r_\varepsilon(\tilde\theta_\varepsilon)}{l''_\varepsilon(\tilde\theta_\varepsilon)} - 1$ tendent vers 0 en probabilité. D'où le résultat. $\square$

Exemple. Soit $X_1,\dots,X_n$ un n-échantillon de densité $p(x - \theta)$ avec $p : \mathbf{R}^+ \to \mathbf{R}$ continue, de classe C^2. On a $l_n(\theta) = \sum_{i=1}^n \log p(X_i - \theta)$ et $l'_n(\theta) = \sum_{i=1}^n \frac{p'(X_i - \theta)}{p(X_i - \theta)}$.

A moins que $\frac{p'}{p}$ ne soit très simple (par exemple : $p(x) = \frac{1}{\sqrt{2\pi}}\exp\left(-\frac{x^2}{2}\right)$ donne $\frac{p'(x)}{p(x)} = -x$), l'équation $l'_n(\theta) = 0$ n'admet pas de solution explicite $\hat\theta_n = T_n(X_1,\dots,X_n)$. On peut seulement calculer $\hat\theta_n$ comme la limite d'un algorithme (cf. plus haut). Si $\int x\, p(x)\, dx = 0$ et $\sigma^2 = \int x^2\, p(x)\, dx < \infty$, alors $\overline{X}_n$ est un estimateur de θ tel que $\sqrt{n}\,(\overline{X}_n - \theta) \overset{\mathcal{L}(P^n_\theta)}{\to} \mathcal{N}(0, \sigma^2)$. Si l'on pose :

$$\theta^*_n \;=\; \overline{X}_n - \frac{l'_n(\overline{X}_n)}{l''_n(\overline{X}_n)})$$

et si $l_n(\theta)$ vérifie les hypothèses (H0)-(H3), alors $\sqrt{n}\,(\theta^*_n - \hat\theta_n) \to 0$ en probabilité : θ^*_n est aussi bon asymptotiquement que $\hat\theta_n$. (cf. op. cit. p. 106-108) (cf. exercices n° 2-3).

2.6.5 Contrastes

Nous venons de voir que les e.m.v. sont définis (au moins implicitement) par les équations de vraisemblance $\frac{\partial l_\epsilon}{\partial \theta_j}(\hat{\theta}_\epsilon) = 0 \; j = 1, \ldots, k$ et peuvent être étudiés sur ces équations. Cependant, dans certains modèles, la fonction de log-vraisemblance $l_\epsilon(\theta)$ elle-même n'est pas connue de manière explicite, mais seulement de manière théorique : on ne dispose donc même pas d'équations explicites pour définir les e.m.v..

Un moyen de contourner cette difficulté est de définir des fonctions $U_\epsilon(\theta) = U_\epsilon(\theta, X)$ du paramètre et de l'observation X, appelées contrastes auxquelles on associera des estimateurs de minimum de contraste. De façon plus précise, on définit :

Définition. *Soit* $(\Omega_\epsilon, \mathcal{A}_\epsilon, P_\theta^\epsilon)_{\theta \in \Theta}$ *un modèle statistique,* X *l'observation. On appelle* <u>contraste</u> *une v.a.r.* $U_\epsilon(\theta) = U_\epsilon(\theta, X)$ *définie sur* $(\Omega_\epsilon, \mathcal{A}_\epsilon)$, *fonction du paramètre et de l'observation vérifiant les propriétés suivantes :*

(1) *Il existe une fonction* $K : \Theta \times \Theta \to \mathbf{R}^+$ *telle que* $K(\theta_0, \theta) > 0$ *si* $\theta \neq \theta_0$, $K(\theta_0, \theta_0) = 0$ ($K(\cdot, \cdot)$ *est appelée* <u>fonction de contraste</u>)

(2) $(U_\epsilon(\theta) - U_\epsilon(\theta_0)) \underset{\epsilon}{\to} K(\theta_0, \theta)$ *en probabilité* $P_{\theta_0}^\epsilon$ *pour tout couple* (θ_0, θ) *(propriété de contraste).*

On appelle estimateur de *minimum de contraste* (e.m.c.) associé à U_ϵ, toute solution $\overline{\theta}_\epsilon$ de l'équation :

$$U_\epsilon(\overline{\theta}_\epsilon) = \inf_{\theta \in \overline{\Theta}} U_\epsilon(\theta) . \tag{1'}$$

On *procède à l'étude des e.m.c. de façon analogue à celle des e.m.v.* : sur l'équation (1') ou sur l'équation :

$$\frac{\partial}{\partial \theta_j} U_\epsilon(\overline{\theta}_\epsilon) = 0 \quad , \quad j = 1, \ldots, k . \tag{2'}$$

Reprenons les étapes de l'étude : consistance et loi asymptotique des estimateurs de minimum de contraste.

La propriété de contraste permet d'espérer que :

$$\overline{\theta}_\epsilon = \underset{\theta}{\operatorname{Arg\,min}}\, U_\epsilon(\theta) \overset{P_{\theta_0}^\epsilon}{\underset{\epsilon \to 0}{\to}} \theta_0 = \underset{\theta}{\operatorname{Arg\,min}}\, K(\theta_0, \theta) .$$

Pour le démontrer, on utilise l'inclusion, valable pour tout $h > 0$:

$$\{|\overline{\theta}_\epsilon - \theta_0| > h\} \subset \left\{ \inf_{|\theta - \theta_0| > h} U_\epsilon(\theta) = U_\epsilon(\overline{\theta}_\epsilon) \leq U_\epsilon(\theta_0) \right\}$$

et on cherche à prouver que :

$$P_{\theta_0}^\varepsilon \left(\inf_{|\theta - \theta_0| > h} U_\varepsilon(\theta) - U_\varepsilon(\theta_0) \leq 0 \right) \underset{\varepsilon \to 0}{\longrightarrow} 0 \; .$$

Pour étudier la limite en loi d'un e.m.c., on utilise également le développement de Taylor de U_ε' autour de $\overline{\theta}_\varepsilon$. (On suppose $k = 1$ pour simplifier l'écriture). Considérons les hypothèses :

(H0) Θ est ouvert, $\theta \to U_\varepsilon(\theta)$ est de classe C^2, $\overline{\theta}_\varepsilon$ est consistant.

(H1) $U_\varepsilon''(\theta)$ converge en probabilité sous P_θ^ε vers une constante positive déterministe $J(\theta)$.

(H2) $c(\varepsilon) U_\varepsilon'(\theta)$ converge en loi sous P_θ^ε vers la loi gaussienne $N(0, \Gamma(\theta))$.

(H3) $\sup_{|\alpha| \leq r_\varepsilon} |U_\varepsilon''(\theta + \alpha) - U_\varepsilon''(\theta)|$ converge vers 0 en probabilité P_θ^ε, pour toute v.a. r_ε qui converge vers 0 en P_θ^ε-probabilité.

Alors, sous (H0)-(H3), $c(\varepsilon)(\overline{\theta}_\varepsilon - \theta)$ converge en loi sous P_θ^ε vers la loi $N(0, \frac{\Gamma(\theta)}{J(\theta)^2})$. (Version multidimensionnelle : $\Gamma(\theta)$ et $J(\theta)$ sont des matrices $k \times k$, $J(\theta)$ doit être inversible et la limite en loi de $c(\varepsilon)(\overline{\theta}_\varepsilon - \theta)$ est la loi gaussienne $N(0, J(\theta)^{-1} \Gamma(\theta) J(\theta)^{-1})$.

De même, si les équations $(1')$ (ou $(2')$) n'ont pas de solutions explicites, on remplacera l'e.m.c. $\overline{\theta}_\varepsilon$ par son *approximation au premier pas de la méthode de Newton* : à partir d'un estimateur initial $\tilde{\theta}_\varepsilon$, on étudiera l'estimateur

$$\tilde{\theta}_\varepsilon - \frac{U_\varepsilon'(\tilde{\theta}_\varepsilon)}{U_\varepsilon''(\tilde{\theta}_\varepsilon)} \; .$$

2.6.6 Exemples.

Log-vraisemblances et contrastes

a) Dans le modèle du n-échantillon de densité $p(x, \theta)$, $-\frac{1}{n} l_n(\theta) = \frac{1}{n} \sum_{i=1}^n \log p(X_i, \theta)$ est un contraste, de fonction de contraste $K(P_{\theta_0}, P_\theta)$, l'information de Kullback de P_{θ_0} par rapport à P_θ. L'e.m.c. associé est l'e.m.v.

b) Considérons le modèle gaussien :

$$dX_t^{\varepsilon, \theta} = f(t, \theta) \, dt + \varepsilon \, dB_t \quad , \quad X_0^{\varepsilon, \theta} = 0 \quad , \quad 0 \leq t \leq T$$

où (B_t) est un processus de Wiener, $f(\cdot, \theta)$ une fonction déterministe continue sur $[0, T]$, $f(\cdot, \theta) \not\equiv f(\cdot, \theta')$ si $\theta \neq \theta'$. Soit $\Omega = C([0, T], \mathbf{R})$ l'ensemble des fonctions continues de $[0, T]$ dans $\mathbf{R}$, $X_t(\omega) = \omega(t)$ si $\omega \in \Omega$, l'application coordonnée d'indice t, $\mathcal{A} = \sigma(X_t, 0 \leq t \leq T)$ et P_θ^ε la loi sur $(\Omega, \mathcal{A})$ du processus $\left(X_t^{\epsilon,\theta}, t \leq T\right)$. Si P^ϵ désigne la loi de $(\epsilon B_t, t \leq T)$ sur $(\Omega, \mathcal{A})$, d'après la formule de Cameron-Martin, on a :

$$dP_\theta^\epsilon = p_\epsilon(\theta) \, dP^\epsilon$$

avec

$$l_\epsilon(\theta) = \log p_\epsilon(\theta) = \frac{1}{\epsilon^2}\left[\int_0^t f(s,\theta)\,dX_s - \frac{1}{2}\int_0^T f^2(s,\theta)\,ds\right] .$$

Alors $U_\epsilon(\theta) = -\epsilon^2 \, l_\epsilon(\theta)$ vérifie la propriété de contraste ; en effet,

$$U_\epsilon(\theta) - U_\epsilon(\theta_0) = \frac{1}{2}\int_0^T \big(f(s,\theta) - f(s,\theta_0)\big)^2 \, ds$$

$$+ \epsilon \int_0^T \big(f(s,\theta_0) - f(s,\theta)\big)\,\epsilon^{-1}\big(dX_s - f(s,\theta_0)ds\big) .$$

Sous $P_{\theta_0}^\epsilon$, $\epsilon^{-1}\big(X_t - \int_0^t f(s,\theta_0)\,ds\big)$, $t \leq T$ est un mouvement brownien, donc, quand $\epsilon \to 0$,

$$\big(U_\epsilon(\theta) - U_\epsilon(\theta_0)\big) \overset{P_{\theta_0}^\epsilon}{\to} K(\theta_0,\theta) = \frac{1}{2}\int_0^T \big(f(s,\theta) - f(s,\theta_0)\big)^2\,ds .$$

Sous l'hypothèse d'identifiabilité suivante :

$$f(\cdot,\theta) \not\equiv f(\cdot,\theta') \qquad \text{si} \quad \theta \neq \theta' ,$$

on a :

$$K(\theta_0,\theta) > 0 \quad , \quad = 0 \qquad \text{si et seulement si} \quad \theta = \theta_0 .$$

(Cf. Ibragimov et Has'minskii, 1981).

Voyons des exemples de contrastes qui ne soient pas des log-vraisemblances.

Contrastes distincts de la log-vraisemblance

a) Soit $(X_1, \ldots, X_n)$ un n-échantillon de moyenne θ, de variance $\sigma^2(\theta)$, $\theta \in \Theta \subset \mathbf{R}$. Soit $U_n(\theta) = \frac{1}{n}\sum_{i=1}^n (X_i - \theta)^2$. Alors $[U_n(\theta) - U_n(\theta_0)]$ converge vers $E_{\theta_0}(X_1 - \theta)^2 - E_{\theta_0}(X_1 - \theta_0)^2 = (\theta - \theta_0)^2$, sous $P_{\theta_0}^n$. L'estimateur $\overline{\theta}_n = \overline{X}_n$ associé à $U_n(\theta)$ est l'estimateur des moindres carrés de θ.

b) Voici un exemple important qui illustre bien l'intérêt de la méthode des contrastes. Soit $(X_n, n \geq 1)$ une suite stationnaire gaussienne, de densité spectrale $f(\lambda, \theta)$ dépendant d'un paramètre inconnu θ. On suppose que $f(\lambda, \theta)$ est une fonction continue de λ, strictement positive sur $[-\pi, \pi]$. Soit

$R_n(\theta)$ la matrice de covariance de $(X_1, \ldots, X_n)$. On sait que[1] $R_n(\theta) = 2\pi\, T_n(f(\cdot, \theta))$ où

$$T_n(h) = \frac{1}{2\pi} \left(\int_{-\pi}^{\pi} e^{i\lambda(j-h)} h(\lambda) \, d\lambda \right)_{1 \leq j,k \leq n}$$

est la $n^{\text{ème}}$ matrice de Toeplitz de h. La log-vraisemblance de $(X_1, \ldots, X_n)$ s'écrit (à une constante près) :

$$l_n(\theta) = -\frac{1}{2} \log \det R_n(\theta) - \frac{1}{2} (X_1, \ldots, X_n) R_n(\theta)^{-1} \begin{pmatrix} X_1 \\ \vdots \\ X_n \end{pmatrix}.$$

Elle est difficile à étudier directement (à cause du calcul de $R_n(\theta)^{-1}$). D'où l'idée de la simplifier en construisant un contraste. On utilise le résultat :

$$\frac{1}{n} \log \det R_n(\theta) \xrightarrow[n \to +\infty]{P_\theta^n} \frac{1}{2\pi} \int_{-\pi}^{\pi} \log f(\lambda, \theta) \, d\lambda$$

et "l'approximation de Whittle" (1953, 1954) de $R_n(\theta)^{-1}$ par $T_n\left(\frac{1}{f(\cdot,\theta)}\right)$ qui conduit à

$$(X_1, \ldots, X_n) T_n\left(\frac{1}{f(\cdot,\theta)}\right) \begin{pmatrix} X_1 \\ \vdots \\ X_n \end{pmatrix} = \frac{1}{2\pi} \int_{-\pi}^{\pi} \frac{d\lambda}{f(\cdot,\theta)} |\sum_{p=1}^{n} X_p \, e^{-i\lambda p}|^2.$$

Et on définit :

$$U_n(\theta) = \frac{1}{4\pi} \int_{-\pi}^{\pi} \left[\log f(\lambda, \theta) + \frac{I_n(\lambda)}{f(\lambda, \theta)} \right] d\lambda$$

où

$$I_n(\lambda) = \frac{1}{2\pi n} |\sum_{p=1}^{n} X_p \, e^{-i\lambda p}|^2.$$

Sous $P_{\theta_0}^n$, $U_n(\theta) - U_n(\theta_0)$ converge vers

$$K(\theta_0, \theta) = \frac{1}{4\pi} \int_{-\pi}^{\pi} \left[\frac{f(\lambda, \theta_0)}{f(\lambda, \theta)} - 1 - \log \frac{f(\lambda, \theta_0)}{f(\lambda, \theta)} \right] d\lambda$$

qui est bien une fonction de contraste puisque

$$x - 1 - \log x \geq 0 \quad, \quad = 0 \quad \text{ssi} \quad x = 1.$$

---

[1]Cf. pour les détails, Dacunha-Castelle et Duflo, 1983, chap. 1 et 3 et Azencott et Dacunha-Castelle, 1984.

On voit sur cet exemple que $U_n(\theta)$ est une simplification (approximation) de $-\frac{1}{n} l_n(\theta)$.

Soit $\overline{\theta}_n$ une suite d'e.m.c. définis par :

$$U_n(\overline{\theta}_n) \ = \ \inf_{\theta \in \Theta} U_n(\theta) \ .$$

Sous des hypothèses de régularité (en (λ, θ)) sur la densité spectrale $f(\lambda, \theta)$, on obtient :

$$\sqrt{n}\,(\overline{\theta}_n - \theta) \ \overset{\mathcal{L}(P_\theta^n)}{\longrightarrow} \ N\big(0\,,\,I(\theta)^{-1}\big)$$

avec

$$I(\theta) \ = \ \left(\frac{1}{4\pi} \int_{-\pi}^{\pi} \frac{\partial}{\partial \theta_i} \log f(\theta, \lambda)\, \frac{\partial}{\partial \theta_j} \log f(\theta, \lambda)\, d\lambda \right)_{1 \leq i,j \leq k} .$$

On voit que la variance asymptotique obtenue pour $\overline{\theta}_n$ est exactement l'inverse de l'information de Fisher : $\overline{\theta}_n$ est donc aussi bon asymptotiquement que le véritable e.m.v. $\hat{\theta}_n$ (cf. Fox et Taqqu, 1986, Dzhaparidze et Yaglom, 1983, Dalhaus, 1988).

Exercices

(1). Soit $(X_1, \ldots, X_n)$ un n-échantillon de loi exponentielle $\theta\, e^{-\theta x}\, 1_{x>0}\, dx$, $\theta > 0$. Etudier l'estimateur du maximum de vraisemblance de θ.
(Solution : $\hat{\theta}_n = \frac{1}{\overline{X}}$, $\sqrt{n}\,(\hat{\theta}_n - \theta) \ \overset{\mathcal{L}(P_\theta^n)}{\underset{n}{\longrightarrow}} \ N(0, \theta^2)$).

(2). Soit $(X_1, \ldots, X_n)$ un n-échantillon de densité

$$p(x, \theta) \ = \ \theta(\theta + 1)\, x^{\theta-1}(1 - x)\, 1_{0 < x < 1}$$

(par rapport à la mesure de Lebesgue, $\theta > 0$.

a) Calculer $E_\theta X_1$, $\mathrm{Var}_\theta\, X_1$ et montrer que $\overline{\theta}_n = \frac{2\overline{X}}{1-\overline{X}}$ est un estimateur de θ obtenu par la méthode des moments.

b) Soit $\sigma^2(\theta) = \frac{\theta(\theta+2)^2}{2(\theta+3)}$. Montrer que $\overline{\theta}_n$ est consistant et que $\sqrt{n}\,(\overline{\theta}_n - \theta)\, \sigma^{-1}(\theta) \ \overset{\mathcal{L}(P_\theta^n)}{\longrightarrow} \ N(0, 1)$.

c) Calculer l'information de Fisher $I(\theta)$ de $p(x, \theta)$. En déduire que $\overline{\theta}_n$ n'est pas "asymptotiquement efficace" c'est-à-dire que : $\exists\, \theta > 0$ tel que $\sigma^2(\theta) > I^{-1}(\theta)$.
(Indication : étudier $\lim_{\theta \to 0+} \frac{\sigma^2(\theta)}{\theta^2}$ et $\lim_{\theta \to 0+} \frac{1}{\theta^2 I(\theta)}$).

d) Calculer l'estimateur du maximum de vraisemblance $\hat{\theta}_n$ de θ et l'étudier. Calculer, à partir de $\overline{\theta}_n$, l'approximation au premier pas par la méthode Newton de $\hat{\theta}_n$, et l'étudier.

(3). Soit $(X_1, \ldots, X_n)$ un n-échantillon de loi gamma $G(\alpha, \lambda)$, définie par la densité $p(x, \theta) = \frac{\lambda}{\Gamma(a)} x^{a-1} e^{-\lambda x} 1_{(x>0)}$ par rapport à la mesure de Lesbesgue, $\theta = (a, \lambda) \in (0, +\infty)^2$.

a) Trouver des estimateurs $\bar{a}_n, \overline{\lambda}_n$ de a, λ par la méthode des moments.

b) Ecrire les équations de vraisemblance. Etudier l'estimateur du maximum de vraisemblance $\hat{\theta}_n = (\hat{a}_n, \hat{\lambda}_n)$ de θ.

c) Calculer et étudier l'estimateur $\theta_n^* = (a_n^*, \lambda_n^*)$ obtenu à partir de $(\bar{a}_n, \overline{\lambda}_n)$ par la méthode de Newton d'approximation au premier pas de $(\hat{a}_n, \hat{\lambda}_n)$.

2 7 Distance de Hellinger et vitesse de convergence

Soient P et Q deux probabilités sur $(\mathcal{X}, \mathcal{B})$. On définit *la distance de Hellinger* $h(P, Q)$ entre P et Q par :

$$h^2(P, Q) = \int_{\mathcal{X}} \left(\sqrt{\frac{dP}{d\mu}} - \sqrt{\frac{dQ}{d\mu}} \right)^2 d\mu$$

où μ est une mesure positive dominant P et Q (par exemple : $\mu = P + Q$). La définition ne dépend pas de la mesure dominante μ choisie et on note en général $h^2(P, Q) = \int (\sqrt{dP} - \sqrt{dQ})^2$. La quantité $\rho(P, Q) = \int \sqrt{dP\, dQ}$ s'appelle *l'affinité de Hellinger*.

Soit $X_1, \ldots, X_n$ un n-échantillon de loi P_θ sur $(\mathcal{X}, \mathcal{B})$, avec $\theta \in \Theta \subset \mathbf{R}$. Notons $h^2(\theta, \theta') = h^2(P_\theta, P_{\theta'})$. Le Cam a montré, sous des hypothèses assez générales (cf. Le Cam, 1986, et Dacunha-Castelle, 1977), que si $\hat{\theta}_n$ désigne un e.m.v. ou un estimateur de Bayes de θ, alors $n h^2(\hat{\theta}_n, \theta)$ est une suite relativement compacte en loi. Ainsi, si $h^2(\theta, \theta + \eta) \sim \text{cte}\, \eta^\alpha$ lorsque $\eta \to 0$, on peut écrire, $n h^2(\hat{\theta}_n, \theta) \sim \text{cte}\, n(\hat{\theta}_n - \theta)^\alpha$ $(n \to +\infty)$; donc, $n^{1/\alpha}(\hat{\theta}_n - \theta)$ est une suite relativement compacte en loi et $n^{1/\alpha}$ est la vitesse de convergence du problème.

Nous allons vérifier sur des exemples, que l'étude de $h^2(\theta, \theta + \eta)$ conduit bien à la vitesse du problème.

Exemple 1. $(\mathcal{X}, \mathcal{B}, P_\theta) = (\mathbf{R}, B(\mathbf{R}), N(\theta, 1))_{\theta \in \mathbf{R}}$. Avec

$$p(x, \theta) = \frac{1}{\sqrt{2\pi}} \exp\left[-\frac{1}{2}(x - \theta)^2 \right],$$

on obtient

$$\rho(\theta, \theta + \eta) = \exp\left(-\frac{\eta^2}{8} \right),$$

d'où

$$\frac{1}{2} h^2(\theta, \theta + \eta) = 1 - \rho(\theta + \eta) = \frac{\eta^2}{8} + 0(\eta^2).$$

(Calcul direct).

Exemple 2. Plus généralement, soit $(\mathcal{X}, \mathcal{B}, P_\theta) = (\mathbf{R}, B(\mathbf{R}), p(x-\theta)\,dx)_{\theta \in \mathbf{R}}$ un modèle de translation, où $g = p^{1/2}$ est telle que g, g', g'' soient dans $L^2(\mathbf{R}, dx)$. Alors :

$$\rho^2(\theta, \theta + \eta) \;=\; r^2(\eta) \;\sim\; \frac{1}{2}\eta^2 \int g'(x)^2\,dx\,, \qquad \text{lorsque} \quad \eta \to 0\,.$$

(Utiliser la transformée de Fourier $\varphi(t)$ de g, et l'identité de Parseval).

Exemple 3. Pour les lois uniformes sur $[0, \theta]$, $\theta > 0$, $\rho^2(\theta, \theta + \eta) = \frac{\eta}{2\theta} + 0(\eta)$. Pour les lois uniformes sur $\left[\theta - \frac{1}{2}, \theta + \frac{1}{2}\right]$, $\theta \in \mathbf{R}$,

$$\rho^2(\theta, \theta + \eta) \;=\; \eta\,.$$

(Calcul direct).

3 Efficacité des suites de tests Point de vue local

3 1 Contiguïté des suites de mesures de probabilités

La notion de contiguïté est due à Le Cam, 1960. Pour cette partie, on pourra consulter les références suivantes : Hájek et Sïdák, 1967, Le Cam, 1986, Roussas, 1972, Dacunha-Castelle, Duflo et Genon-Catalot, 1984.

3.1.1 Motivation

Soient l'hypothèse $H_0 : \{\theta \in \Theta_0\}$ et la contre-hypothèse $H_1 : \{\theta \in \Theta_1\}$. On fait n observations et pour des suites de tests φ_n telles que

$$\lim_{n \to \infty} E_\theta^n \, \varphi_n \leq \alpha \qquad \forall \, \theta \in \Theta_0 \,,$$

on étudie $E_{\theta_n}^n \, \varphi_n$ pour θ_n dans Θ_1, mais tendant vers un point de Θ_0 $(\theta_n \to \theta_0)$.

On verra que dans un "modèle régulier" (cf. chapitre 2), quitte à considérer des sous-suites, il y a en fait trois comportements possibles :

(i). $\sqrt{n} \, (\theta_n - \theta_0) \to 0$.
Dans ce cas, on aura : $\left(P_{\theta_0}^n (A_n) \to \alpha \right) \Rightarrow \left(P_{\theta_n}^n (A_n) \to \alpha \right)$ et l'on ne pourra donc pas comparer les tests entre eux puisqu'ils sont tous équivalents au test $\varphi \equiv \alpha$.

(ii). $\sqrt{n} \, |\theta_n - \theta_0| \to +\infty$ (exemple $\theta_n = \theta_1$, $\forall \, n$).
On montrera que la puissance du test de Neyman-Pearson de θ_0 contre θ_n tend vers 1, ainsi que celle de beaucoup de tests. Là encore, la plupart des tests ne se différencieront pas les uns des autres (mais à l'encontre du cas précédent, ici, c'est parce que l'on fait "trop bien"). Cette étude en revanche pourra être reprise dans le cadre de la comparaison "non locale" (Chapitre 4).

(iii). $\sqrt{n} \, (\theta_n - \theta_0) \to a$.
On montrera que, dans ce cas, $E_{\theta_n}^n \, \varphi_n \to \beta$, et l'on pourra comparer les tests sur cette puissance asymptotique β.

3.1.2 Contiguïté des suites de probabilités

Soit $(\Omega_n, \mathcal{A}_n)$ une suite d'espaces mesurables et soient (P_n^0) et (P_n^1) deux suites de probabilités sur $(\Omega_n, \mathcal{A}_n)$.

Soit $\Psi_n = \{\varphi_n : (\Omega_n, \mathcal{A}_n) \to [0,1]\}$ l'ensemble des fonctions de tests sur $(\Omega_n, \mathcal{A}_n)$ et, pour $\alpha \in [0,1]$,

$$S_n^1(\alpha) = \sup \left\{ \int_{\Omega_n} \varphi_n \, dP_n^1 \; ; \; \varphi_n \in \Psi_n \text{ et } \int_{\Omega_n} \varphi_n \, dP_n^0 \leq \alpha \right\}$$

la puissance maximum des tests de P_n^0 contre P_n^1 de niveau α.

Définition 1. *On dit que (P_n^1) est contiguë à (P_n^0) $\left((P_n^1) \lhd (P_n^0)\right)$ si : pour toute suite (α_n), $0 \leq \alpha_n \leq 1$,*

$$\alpha_n \underset{n \to +\infty}{\longrightarrow} 0 \implies S_n^1(\alpha_n) \underset{n \to +\infty}{\longrightarrow} 0 \, .$$

Définition 1 bis. *On dit que (P_n^1) et (P_n^0) sont mutuellement contiguës si $(P_n^1) \lhd (P_n^0)$ et $(P_n^0) \lhd (P_n^1)$, ce qui donne :*

$$\alpha_n \to 0 \implies \lim_n S_n^1(\alpha_n) = 0 = \lim_n S_n^0(\alpha_n)$$

où S_n^0 est défini comme S_n^1 en échangeant les rôles de P_n^0 et P_n^1.

Définitions équivalentes de la contiguïté.
$(P_n^1) \lhd (P_n^0)$ si et seulement si l'une des propriétés suivantes équivalentes est vérifiée :

(1) $P_n^0(B_n) \to 0$ implique $P_n^1(B_n) \to 0$ (B_n est une suite arbitraire dans $\mathcal{A}_n$).

(2) Soit φ_n une variable aléatoire réelle arbitraire sur $((\Omega_n, \mathcal{A}_n)$, $\varphi_n(P_n^i))$ la loi image de P_n^i par φ_n ($i = 0,1$). ($\varphi_n(P_n^0)$ converge étroitement vers la masse de Dirac en 0) implique ($\varphi_n(P_n^1)$) converge étroitement vers la même limite).

(3) Si P_n^0 et P_n^1 sont en plus mutuellement absolument continues et $\lambda_n = \log \frac{dP_n^1}{dP_n^0}$, $(\lambda_n(P_n^1))_{n \in \mathbb{N}}$ est étroitement relativement compacte.

(4) Soit φ_n une variable aléatoire sur $(\Omega_n, \mathcal{A}_n)$. ($\varphi_n(P_n^0)$ étroitement relativement compacte) implique ($\varphi_n(P_n^1)_{n \in \mathbb{N}}$ est aussi étroitement relativement compacte).

Les démonstrations de ces équivalences, ainsi que d'autres critères de contiguïté sont étudiés dans le cours complémentaire à la fin de ce chapitre.

Exemples de suites contiguës

1)

Lemme. (Contiguïté et norme en variation).

Si $\|P_n^1 - P_n^0\| \to 0$ *quand* n *tend vers l'infini, alors* $P_n^1 \lhd P_n^0$ *et* $P_n^0 \lhd P_n^1$
(la norme utilisée ici est la norme en variation :

$$\|\mu\| = \sup_{\substack{(A_1,\ldots,A_j) \\ \text{partition finie de} \\ \Omega}} \sum_{i=1}^{j} |\mu(A_i)| = \int |\frac{d\mu}{d\mu_0}| \, d\mu_0$$

où μ_0 *est une mesure positive qui domine* μ).

On vérifie en effet facilement que $|P_n^0(A_n) - P_n^1(A_n)|$ tend vers 0 pour une suite A_n arbitraire. On obtient alors la contiguïté en utilisant le critère (1).

Exemple. $P_n^1 = U_{\left[-\frac{1}{n},1\right]}$, $P_n^0 = U_{\left[0,1+\frac{1}{n}\right]}$. ($U_{[a,b]}$ est la loi uniforme sur l'intervalle $[a,b]$).

2) Soient
$$P_n^0 = N(\mu_n^0, \sigma_n^2) \quad , \quad P_n^1 = N(\mu_n^1, \sigma_n^2) .$$

On utilisera ici le critère (3) (cf. démonstration dans le cours complémentaire) pour montrer que

$$\left.\begin{array}{c} P_n^1 \lhd P_n^0 \\ \text{et} \\ P_n^0 \lhd P_n^1 \end{array}\right\} \iff \left\{\frac{\mu_n^1 - \mu_n^0}{\sigma_n} , n \in \mathbf{N}\right\}$$

est un ensemble borné de **R**.

3) Soient
$$P_n^0 = N(\mu_n^0, \sigma_n^2)^{\otimes n} \quad , \quad P_n^1 = N(\mu_n^1, \sigma_n^2)^{\otimes n} .$$

$$P_n^1 \lhd P_n^0 \iff \left\{\frac{\sqrt{n}(\mu_n^1 - \mu_n^0)}{\sigma_n} , n \in \mathbf{N}\right\} \qquad \text{est borné .}$$

(Exemple : $\mu_n^0 \equiv \mu^0$, $\sigma_n \equiv \sigma$, la condition devient : $\{\sqrt{n}(\mu_n^1 - \mu^0)\}$ borné).

Dans la pratique, on disposera de deux types d'arguments : soit regarder la norme en variation, soit utiliser directement le critère (1), soit étudier le rapport de vraisemblance.

Dans le cas de contiguïtés mutuelles le critère suivant est aussi très utile : il est équivalent au critère (3) regardé sous P_n^0 et P_n^1, mais présente l'avantage de limiter l'étude à P_n^0. (La démonstration se trouve dans le cours complémentaire).

Théorème. *Si P_n^0 et P_n^1 sont mutuellement absolument continues, elles sont contiguës si et seulement si*

1) $\{\lambda_n(P_n^0)\}_{n\in\mathbb{N}}$ *est étroitement relativement compacte.*
2) *Pour toute mesure μ étroitement adhérente à $\{(\lambda_n(P_n^0))\}_{n\in\mathbb{N}}$, on a $\int_{\mathbb{R}} \exp x\, d\mu(x) = 1$.*

Supposons maintenant toujours P_n^0 et P_n^1 mutuellement absolument continues :

Théorème fondamental d'emploi de la contiguïté.
Soit $\{\varphi_n\}$ une suite adaptée à $(\Omega_n, \mathcal{A}_n)$ à valeurs dans $\mathbb{R}^k$.
   Supposons $\left\{(\lambda_n, \varphi_n)(P_n^0)\right\}_{n\in\mathbb{N}}$ converge étroitement vers une mesure μ_0 de probabilité sur $\left(\mathbb{R}^{k+1}, \mathcal{B}(\mathbb{R}^{k+1})\right)$ qui vérifie $\int_{\mathbb{R}^{k+1}} \exp t_0\, d\mu_0(t_0, t_1, \ldots, t_k) = 1$ alors

- *Les suites P_n^0 et P_n^1 sont contiguës.*
- $\left\{(\lambda_n, \varphi_n)(P_n^1)\right\}_{n\in\mathbb{N}}$ *converge étroitement vers la mesure μ_1 admettant par rapport à μ_0 la densité : $(t_0, t_1, \ldots, t_k) \to \exp t_0$.*

Démonstration. La contiguïté est une conséquence du théorème précédent si on remarque que, pour presque tout $c > 0$ (i.e. si c est tel que $\mu_0(t = c) = 0$) et ψ continue bornée,

$$\int \psi(\lambda_n, \varphi_n)\, 1_{|\lambda_n|\leq c}\, dP_n^1 = \int \psi(\lambda_n, \varphi_n)\, 1_{|\lambda_n|\leq c}\, e^{\lambda_n}\, dP_n^0$$

$$\xrightarrow[n\to\infty]{} \int \psi(t_0, t_1, \ldots, t_k)\, e^{t_0}\, 1_{|t_0|\leq c}\, d\mu_0 .$$

(on s'affranchira du c (cf. cours complémentaire) en remarquant que $\lambda_n(P_n^1)$ est relativement compact et donc tendu).
   Ce théorème est un point clé de la théorie de la contiguïté, donnons-en quelques applications.
   Dans un premier temps, étudions le lemme suivant qui a été admis au chapitre précédent sur la convergence des expériences.

Lemme 1. *Soit $E_n = \{P_\theta^n, \theta \in \Theta\}$ une suite d'expériences. Supposons que $0 \in \Theta$ et P_0^n domine toutes les P_θ^n, pour $\theta \in \Theta$, $E = \{P_\theta, \theta \in \Theta\}$ vérifie la même propriété.*
   Alors si le processus $\{Z_n(\theta), \theta \in \Theta\}$, $Z_n(\theta) = \frac{dP_\theta^n}{dP_0^n}$, converge en loi au sens des marginales finies sous la loi P_0^n vers le processus $\{Z(\theta), \theta \in \Theta\}$ sous P_0, avec $Z(\theta) = \frac{dP_\theta}{dP_0}$, la suite d'expériences E_n converge vers l'expérience $E = \{P_\theta, \theta \in \Theta\}$.

Démonstration. Rappelons la définition suivante :

Définition. *La suite de processus* $\{Z_n(\theta)\,,\,\theta \in \Theta\}$ *converge en loi au sens des marginales finies sous* P^n *vers le processus* $\{Z(\theta)\,,\,\theta \in \Theta\}$ *sous* P *si et seulement si, pour tout multiindice fini* $(i_1,\dots,i_k)$*, la loi :*

$$\left(Z_n(\theta_{i_1}),\dots,Z_n(\theta_{i_k})\right)(P^n)$$

converge étroitement vers la loi

$$\left(Z(\theta_{i_1}),\dots Z(\theta_{i_k})\right)(P)\,.$$

Pour montrer la convergence de E_n vers E (cf. chapitre 2), nous devons donc démontrer que :

$$\left(\frac{dP^n_{\theta_{i_1}}}{dQ_n},\dots,\frac{dP^n_{\theta_{i_k}}}{dQ_n}\right)(Q_n)$$

converge étroitement vers

$$\left(\frac{dP_{\theta_{i_1}}}{dQ},\dots,\frac{dP_{\theta_{i_k}}}{dQ}\right)(Q)$$

avec

$$Q_n = \frac{1}{k}\left(\sum_{j=1}^{k}P^n_{\theta_{i_j}}\right)\quad,\quad Q = \frac{1}{k}\left(\sum_{j=1}^{k}P_{\theta_{i_j}}\right)\,.$$

Or la convergence de $Z_n(\cdot)$ au sens des marginales finies implique que :

$$\left(\log\frac{1}{k}\sum_{j=1}^{k}Z_n(\theta_{i_j})\,,\,\frac{Z_n(\theta_{i_1})}{\frac{1}{k}\sum_{j=1}^{k}Z_n(\theta_{i_j})},\dots,\frac{Z_n(\theta_{i_k})}{\frac{1}{k}\sum_{j=1}^{k}Z_n(\theta_{i_j})}\right)(P^n_0)$$

converge vers

$$\left(\log\frac{1}{k}\sum_{j=1}^{k}Z(\theta_{i_j})\,,\,\frac{Z(\theta_{i_1})}{\frac{1}{k}\sum_{j=1}^{k}Z(\theta_{i_j})},\dots,\frac{Z(\theta_{i_k})}{\frac{1}{k}\sum_{j=1}^{k}Z(\theta_{i_j})}\right)(P_0)\,.$$

On vérifie facilement que

$$\int \exp\log\left\{\frac{1}{k}\sum_{j=1}^{k}Z(\theta_{i_j})\right\}dP_0 = 1\,.$$

Il suffit alors d'appliquer le théorème précédent pour en déduire que

- (Q_n) et (P_0^n) sont contiguës

- $\left(\dfrac{dP_{\theta_{i_1}}^n}{dQ_n}, \ldots, \dfrac{dP_{\theta_{i_k}}^n}{dQ_n} \right) (Q_n) \to \left(\dfrac{dP_{\theta_{i_1}}}{dQ}, \ldots, \dfrac{dP_{\theta_{i_k}}}{dQ} \right) (Q)$.

En effet, $\forall \, \psi$ continue bornée ,

$$\int \psi \left(\frac{dP_{\theta_{i_1}}^n}{dQ_n}, \ldots, \frac{dP_{\theta_{i_k}}^n}{dQ_n} \right) dQ_n \to$$

$$\int \psi \left(\frac{dP_{\theta_{i_1}}}{dQ}, \ldots, \frac{dP_{\theta_{i_k}}}{dQ} \right) \exp \left\{ \log \frac{1}{k} \sum \frac{dP_{\theta_{i_j}}}{dP_0} \right\} dP_0$$

$$= \int \psi \left(\frac{dP_{\theta_{i_1}}}{dQ}, \ldots, \frac{dP_{\theta_{i_k}}}{dQ} \right) dQ \; .$$

Examinons maintenant les conséquences de ce théorème fondamental dans le cas où la loi limite est gaussienne. Le théorème se traduit alors comme suit :

Proposition 1. Si $(\lambda_n, \varphi_n)(P_n^0) \to N_{k+1}(m, V) = \mu_0$ qui vérifie $\int_{\mathbb{R}^{k+1}} \exp t_0 \, d\mu_0(t_0, t_1, \ldots, t_k) = 1$, alors,

- m, V sont de la forme :

$$m = \left(-\frac{\sigma^2}{2}, a_1, \ldots, a_k \right) \quad , \quad V = \begin{pmatrix} \sigma^2 & {}^t B \\ B & \Gamma \end{pmatrix} .$$

- $(\lambda_n, \varphi_n)(P_n^1) \to N(m', v)$ avec

$$m' = m + b \quad , \quad {}^t b = (\sigma^2, {}^t B) \; .$$

Démonstration. • Le premier point se démontre simplement en remarquant que si

$$\mu_0 \quad \text{vérifie} \quad \int_{\mathbb{R}^{k+1}} \exp t_0 \, d\mu_0(t_0, t_1, \ldots, t_k) \quad \text{alors}$$

$$m_0 = -\frac{\sigma^2}{2} \; .$$

• Pour le second point, calculons la transformée de Laplace de $\mu_1 = \lim_n (\lambda_n, \varphi_n)(P_n^1)$:

$$\int_{\mathbb{R}^{k+1}} \exp \left(u_0 t_0 + \cdots + u_k t_k \right) \mu_1(dt)$$

$$= \int_{\mathbb{R} \times \mathbb{R}^k} \exp \left((u_0 + 1) t_0 + \cdots + u_k t_k \right) \mu_0(dt)$$

$$= \exp \left(-(u_0 + 1) \frac{\sigma^2}{2} + \sum_{i=1}^{k} u_i a_i \right) \exp \frac{1}{2} (u_0 + 1, \ldots, u_k) V \begin{pmatrix} u_0 + 1 \\ \vdots \\ u_k \end{pmatrix}$$

$$= \exp\left(-u_0\,\frac{\sigma^2}{2} + \sum_{i=1}^{k} u_i(a_i + B_i)\right)\exp\frac{1}{2}(u_0,\ldots,u_k)\,V\begin{pmatrix} u_0 \\ \vdots \\ u_k \end{pmatrix}$$

d'où le résultat.

En appliquant la proposition 1 à la convergence d'expériences, on obtient la proposition suivante (on prend $\Theta \subset \mathbf{R}$, c_n une suite déterministe).

Proposition 2. *Supposons que $E_n = \left\{(\Omega_n, \mathcal{A}_n)\,,\ P^n_{\theta_0 + uc_n}\,,\ u \in U\right\}$ est une suite d'expériences où $0 \in U$ et $P^n_{\theta_0}$ domine tous les P^n_θ.*

Soit φ_n une suite de variables aléatoires réelles sur $(\Omega_n, \mathcal{A}_n)$, $Z_n(u) = \frac{dP^n_{\theta_0 + uc_n}}{dP^n_{\theta_0}}$.

Supposons que le processus (à valeurs dans $\mathbf{R}^2$) $\left\{(\varphi_n\,,\ \log Z_n(u))\,;\ u \in U\right\}$ converge sous $P^n_{\theta_0}$ au sens des marginales finies vers $\left\{(\varphi, Y(u))\,;\ u \in U\right\}$ dont la loi vérifie :

Pour tout k-uplet $(u_1,\ldots,u_k)$ de U

$$\big(\varphi, Y(u_1),\ldots,Y(u_k)\big) \ \sim\ N_{k+1}\big(m(u_1,\ldots,u_k)\,,\ V(u_1,\ldots u_k)\big)$$

avec

$${}^t m(u_1,\ldots,u_k) \ = \ \left(m\,,\ -\frac{u_1^2}{2\sigma_0^2},\ldots,\ -\frac{u_k^2}{2\sigma_0^2}\right)$$

$$V(u_1,\ldots,u_k) \ = \ \begin{pmatrix} \sigma^2 & u_1\frac{\sigma\rho}{\sigma_0} & & u_k\frac{\sigma\rho}{\sigma_0} \\ \frac{u_1\sigma\rho}{\sigma_0} & & \cdots & \\ & \vdots & & \frac{u_l u_r}{\sigma_0^2} \\ \frac{u_k\sigma\rho}{\sigma_0} & & & \end{pmatrix}$$

où $m, \sigma^2, \sigma_0^2, \rho$ sont des constantes fixées.

Alors

- *$-1 \le \rho \le +1$*
- *E_n converge vers l'expérience gaussienne :*

$$E \ = \ \left\{N(u, \sigma_0^2)\,;\ u \in U\right\}$$

- *$\varphi_n(P^n_{\theta_0 + uc_n}) \to N\big(m + \frac{u\sigma\rho}{\sigma_0}\,,\ \sigma^2\big)$.*

Démonstration. Nous avons là une conséquence immédiate de la proposition 1 et du lemme 1 si l'on remarque que, quand $E = \{N(u, \sigma_0^2)\,,\ u \in U\}$,

$$Z(u) \ = \ \exp\left\{\frac{uX}{\sigma_0^2} - \frac{1}{2}\frac{u^2}{\sigma_0^2}\right\} \quad \text{et} \quad X(P_0) \ = \ N(0, \sigma_0^2)\,.$$

Ainsi $(\log Z(u_1), \dots, \log Z(u_k))$ a sous P_0, la loi de $(Y(u_1), \dots, Y(u_k))$.

Enfin, il n'est pas inutile d'observer que

$$\rho = \mathrm{corr}\,(\varphi, Y(u)) \qquad \forall\, u \in U\,.$$

(corr = coefficient de corrélation).

Prenons le cas particulier où dans les conditions de la proposition 2, T_n est un estimateur de θ, $\varphi_n = c_n^{-1}(T_n - \theta_0)$ et $m = 0$.

On a alors, en posant $\theta_n = \theta_0 + c_n u$,

$$c_n^{-1}(T_n - \theta_n)(P_{\theta_n}^n) \;\to\; N\left(\frac{u\sigma\rho}{\sigma_0} - u\,,\, \sigma^2\right)\,. \tag{$*$}$$

Donc si l'on impose $E_{\theta_n}^n\, c_n^{-1}(T_n - \theta_n) \to 0$, il vient $\frac{\sigma}{\sigma_0}\rho = 1$, ce qui implique $\sigma_0^2 \le \sigma^2$.

On retrouve donc là, le fait qu'un estimateur *asymptotiquement uniformément sans biais*, ne peut être superefficace puisque σ_0^2 est l'inverse de l'information de Fisher (de l'expérience E).

D'autre part, considérons, l'expérience E' qui consiste, au lieu d'observer $X \sim N(u, \sigma_0^2)$ comme dans E, à observer le couple (X, Y) de loi $N_2\left(\begin{pmatrix} u \\ 0 \end{pmatrix}\begin{pmatrix} \sigma_0^2 & 0 \\ 0 & \sigma^2 \end{pmatrix}\right)$

$$E' = \left\{ N_2\left(\begin{pmatrix} u \\ 0 \end{pmatrix}\begin{pmatrix} \sigma_0^2 & 0 \\ 0 & \sigma^2 \end{pmatrix}\right)\,;\, u \in U \right\}\,.$$

Il est facile de remarquer que le rapport de vraisemblance reste encore inchangé : $Z'(u) = \exp\left\{\frac{uX}{\sigma_0^2} - \frac{u^2}{2\sigma_0^2}\right\} = Z(u)$. La suite d'expériences E_n converge donc aussi vers l'expérience E'.

Nous avons construit E' pour permettre la convergence de la suite φ_n vers une variable aléatoire de E' le long de l'expérience E_n (cf. chapitre précédent). On vérifie, en effet, que φ_n converge pour la suite E_n vers la variable aléatoire $\eta = \frac{\sigma\rho}{\sigma_0}X + (1 - \rho^2)^{1/2}Y$.

Supposons maintenant que la suite d'estimateurs T_n^* soit telle que $\varphi_n^* = c_n^{-1}(T_n^* - \theta_0)$ vérifie les conditions de la proposition 2 avec $m = 0$ et $|\rho| = 1$, on a alors, $\sigma = \sigma_0$ et φ_n^* converge pour E_n vers X. Or, X est exhaustive pour E' : φ_n^* est donc une suite distinguée. On vérifie directement ici le théorème de convolution, puisque la loi limite de φ_n s'écrit bien comme convolution de la loi de X avec celle de $(1 - \rho^2)^{1/2} Y$.

Supposons que l'on veuille utiliser T_n pour tester l'hypothèse $\{\theta = \theta_0\}$ contre $\{\theta > \theta_0\}$. Prenons pour cela le test

$$\psi_n = 1_{\left\{\frac{\varphi_n}{\sigma} > N^{-1}(1-\alpha)\right\}}$$

où

$$N(v) = \int_{-\infty}^{v} e^{-\frac{x^2}{2}} \frac{du}{\sqrt{2\pi}} .$$

On a bien

$$E_{\theta_0}^n \psi_n \xrightarrow[n \to \infty]{} \alpha$$

et pour $u > 0$,

$$\beta_n(\theta_0 + uc_n) = E_{\theta_0 + c_n u}^n \psi_n \to 1 - N\left(N^{-1}(1-\alpha) - \frac{u\rho}{\sigma_0}\right)$$

(en utilisant (*)).

Or pour $u > 0$, $\lim \beta_n(\theta_0 + uc_n)$ est une fonction croissante de ρ. Donc dans la catégorie des tests que nous venons de considérer, ψ_n sera optimal si et seulement si $\rho = 1$. Cette idée qu'un test sera optimal, s'il est calculé sur une statistique dont la corrélation limite avec la log-vraisemblance est maximale, est la base de la comparaison asymptotique locale des tests, que nous allons détailler maintenant.

3.2 Application de la contiguïté à la théorie des tests: Comparaison locale

Considérons une partition de l'espace des paramètres $\Theta = \Theta_0 \cup \Theta_1$, on se propose de tester l'hypothèse $H_0 = \{\theta \in \Theta_0\}$ contre $H_1 = \{\theta \in \Theta_1\}$.

Définition 1. *Pour tester H_0 contre H_1, la suite ψ_n de niveau α est dite asymptotiquement uniformément plus puissante (AUPP) si pour toute suite ω_n de tests de niveau α,*

$$\overline{\lim_{n \to \infty}} \left\{ \sup_{\theta \in \Theta_1} [E_\theta^n \omega_n - E_\theta^n \psi_n] \right\} \leq 0 .$$

Nous allons maintenant nous limiter à l'étude du cas $\Theta \in \mathbf{R}$, $\Theta_0 = \{\theta = \theta_0\}$, $\Theta_1 = \{\theta > \theta_0\}$ dans le cadre de l'observation d'un modèle régulier (cf. chapitre 2). Ce cas démonte bien le mécanisme de l'optimalité. Toutefois les résultats obtenus s'étendent à des situations plus générales, tant du point de vue du type d'hypothèses (en particulier on étudie facilement le cas bilatère à condition de se restreindre aux tests sans biais), que de celui du modèle (on pourra de façon analogue étudier une suite de processus de Markov station-naire et ergodique). Nous renvoyons à Roussas, 1972.

Définition 2. *Pour tester l'hypothèse $H_0 : \{\theta = \theta_0\}$ la suite ψ_n, de niveau α, est dite localement AUPP (LAUPP) si pour toute suite ω_n de tests de niveau α,*

$$\overline{\lim_{n \to \infty}} \left[\sup_{0 < \sqrt{n}\,(\theta - \theta_0) \leq M} E_\theta^n \omega_n - E_\theta^n \psi_n \right] \leq 0 \quad ; \quad \forall\, M > 0 \,.$$

Le théorème suivant exhibe un test optimal :

Théorème. *Dans un modèle "régulier", pour tester $H_0 = \{\theta = \theta_0\}$ contre $H_1 : \{\theta > \theta_0\}$, la suite*

$$\psi_n = 1_{\left\{ \frac{1}{\sqrt{n}} \sum_{i=1}^n \frac{d}{d\theta} \log p(X_i, \theta_0) > c_n \right\}} + \gamma_n 1_{\left\{ \frac{1}{\sqrt{n}} \sum_{i=1}^n \frac{d}{d\theta} \log p(X_i, \theta_0) = c_n \right\}}$$

où c_n et γ_n sont choisies telles que

$$E_{\theta_0}^n \psi_n = \alpha \qquad \text{est LAUPP} \,. \tag{$**$}$$

Démonstration. Cette preuve consiste en une comparaison au test de Neyman-Pearson. Nous la faisons dans le cadre simplifié où $\log p(x, \theta)$ est deux fois continûment dérivable. Le lecteur pourra en reprendre la démonstration dans un cadre plus général après la lecture du chapitre 5. Nous allons montrer que pour toute suite θ_n de Θ_1, avec $\sqrt{n}(\theta_n - \theta_0) \leq M$, si ψ_n^* est la suite des tests de Neyman-Pearson de $\{\theta_0\}$ contre $\{\theta_n\}$ i.e. :

$$\begin{aligned} \psi_n^* &= 1 & \text{si} \quad \lambda_n(\theta_n) &> d_n \\ &\; 0 & \text{si} \quad \lambda_n(\theta_n) &< d_n \\ &\; \delta_n & \text{si} \quad \lambda_n(\theta_n) &= d_n \end{aligned}$$

où $\lambda_n(\theta_n) = \log \frac{dP_{\theta_n}^n}{dP_{\theta_0}^n}(X_1, \ldots, X_n)$ et d_n, δ_n sont déterminés par

$$E_{\theta_0}^n \psi_n^* = \alpha \,, \tag{$**$}$$

alors

$$E_{\theta_n}^n \psi_n - E_{\theta_n}^n \psi_n^* \to 0 \,. \tag{1}$$

Quitte à extraire une sous-suite, nous allons supposer que $\sqrt{n}\,(\theta_n - \theta_0) \to u$ et étudier les deux cas $u = 0$, $u > 0$.

1) $u > 0$.

Pour obtenir (1), il suffit de montrer que, si l'on pose $\varphi_n = \varphi_n(\theta_0) = \frac{1}{\sqrt{n}} \sum_{i=1}^{n} \frac{d}{d\theta} \log p(X_i, \theta_0)$, $\begin{pmatrix} \varphi_n \\ \lambda_n(\theta_n) \end{pmatrix}$ converge en loi sous $P_{\theta_0}^n$ vers

$$N_2\left(\begin{pmatrix} 0 \\ -\frac{u^2}{2}I(\theta_0) \end{pmatrix}, \begin{pmatrix} I(\theta_0) & u\,I(\theta_0) \\ u\,I(\theta_0) & u^2 I(\theta_0) \end{pmatrix} \right)$$

(ce qui correspond, avec les notations du paragraphe précédent à $\sigma^2 = \sigma_0^2 = \frac{1}{I(\theta_0)}$, $\rho = 1$). Ceci s'obtient facilement à l'aide d'un développement de Taylor (en remarquant par exemple que $\lambda_n(\theta_n)$ s'écrit $u\varphi_n + \frac{1}{2}u^2 I(\theta_0)$ plus un reste qui tend vers 0).

On en déduit facilement que, pour vérifier (**) d_n doit tendre vers $uI^{1/2}(\theta_0)\left(N^{-1}(1-\alpha) - \frac{uI^{1/2}(\theta_0)}{2}\right)$ et δ_n doit tendre vers 0.

On a alors, en utilisant la contiguïté :

$$\lambda_n(\theta_n)(P_{\theta_n}^n) \;\to\; N\left(\frac{u^2 I(\theta_0)}{2}, u^2 I(\theta_0) \right)$$

et donc

$$E_{\theta_n}^n \psi_n^* \;\to\; 1 - N\left(N^{-1}(1-\alpha) - uI^{1/2}(\theta_0) \right) \ .$$

De même, pour ψ_n, pour vérifier (**), c_n doit tendre vers $I(\theta_0)^{1/2} N^{-1}(1-\alpha)$, γ_n doit tendre vers 0 et donc

$$E_{\theta_n}^n \psi_n \;\to\; 1 - N\left(N^{-1}(1-\alpha) - u\,I^{1/2}(\theta_0) \right) \ .$$

2) $u = 0$.

On a, alors, $\lambda_n(\theta_n)$ tend vers 0 en probabilité sous $P_{\theta_0}^n$, et

$$\|P_{\theta_0}^n - P_{\theta_n}^n\| = \int \left|e^{\lambda_n(\theta_n)} - 1\right| dP_{\theta_0}^n$$
$$\leq 2\left\{ (1 - \exp -\varepsilon) + P_{\theta_0}^n(|\lambda_n(\theta_n)| > \varepsilon) \right\}$$

La norme en variation tend donc vers 0 et si ω_n est une suite de tests qui vérifie $E_{\theta_0}^n \omega_n \to \alpha$ alors $E_{\theta_n}^n \omega_n \to \alpha$. Il en est donc ainsi du test ψ_n^* de Neyman-Pearson et du test ψ_n considéré.

Si de plus, on fait l'hypothèse suivante :

(H)   Soit θ_n une suite telle que $\sqrt{n}\,(\theta_n - \theta_0) \to +\infty$ alors

$$\frac{1}{\sqrt{n}} \sum_{i=0}^{n} \frac{d}{d\theta} \log p(X_i, \theta_0) \overset{P_{\theta_n}^n}{\to} +\infty \ ,$$

on conclura facilement que ψ_n est non seulement LAUPP mais aussi AUPP.

3.3 Application de la contiguïté
à la théorie de l'estimation : Efficacité "à la Rao"

Nous nous plaçons ici dans le cadre des modèles réguliers ($\Theta \subset \mathbf{R}$).

Définition. *On dira que T_n est uniformément efficace au premier ordre au sens de Rao si et seulement si :*

$$\left(\sqrt{n}(T_n - \theta) - \varphi_n(\theta)\, I^{-1}(\theta)\right)$$

tend vers 0 en P_θ^n-probabilité, uniformément sur les compacts de Θ.
    (On rappelle que $\varphi_n(\theta) = \frac{1}{\sqrt{n}} \sum_{i=1}^{n} \frac{d}{d\theta} \log p(X_i, \theta)$).

• La justification de cette définition est évidemment qu'alors, $T_n - \theta_0$ peut être utilisé pour construire un test LAUPP de $\{\theta = \theta_0\}$ contre $\{\theta > \theta_0\}$ (reprendre les arguments du paragraphe précédent).
• Cette définition implique que la loi limite de $\sqrt{n}\,(T_n - \theta)(P_\theta^n)$ est bien $N(0, I^{-1}(\theta))$ et que le processus $\left\{\left(\sqrt{n}(T_n - \theta_0)\ ,\ \lambda_n\left(\theta_0 + \frac{u}{\sqrt{n}}\right)\right)\ ;\ u \in \mathbf{R}\right\}$ converge sous $P_{\theta_0}^n$ vers le processus gaussien dégénéré $\left\{\left(\xi\,,\, u\xi I(\theta_0) - u^2\,\frac{I(\theta_0)}{2}\right)\,;\ u \in \mathbf{R}\right\}$ avec $\xi \sim N(0, I(\theta_0)^{-1})$, au sens des marginales finies. On se trouve donc dans la situation de la proposition 1 avec $\sigma^2 = \sigma_0^2 = I^{-1}(\theta_0)$, $\rho = +1$. Ainsi T_n est un estimateur de variance asymptotique la plus petite possible ($\sigma = \sigma_0$), distingué ($\rho = +1$).

Compléments de cours et exercices (3)

3 4 Contiguïté (Compléments)

Nous démontrons ici les équivalences entre les différentes définitions de la contiguïté. Pour cela, il est nécessaire de rappeler la définition et quelques propriétés de la tension d'une suite de probabilités sur un espace de Banach séparable (cf. Shorak et Welner, 1986, Billingsley, 1968).

Soit S un espace de Banach séparable, c'est-à-dire un espace vectoriel normé complet, admettant une base dénombrable d'ouverts, $\mathcal{S}$ la tribu borélienne de S.

Définition. *i) Soit $(\mu_n)_{n \geq 0}$ une suite de probabilités sur $(S, \mathcal{S})$. La suite (μ_n) est tendue si :*

$$\forall \, \varepsilon > 0 \, , \ il \ existe \ un \ compact \ K \ de \ S \ tel \ que :$$
$$\forall \, n \geq 0 \qquad \mu_n(K) \geq 1 - \varepsilon \, .$$

ii) Une suite de v.a. X_n définies sur $(\Omega_n, \mathcal{A}_n, P_n)$ à valeurs dans $(S, \mathcal{S})$ est tendue si la suite des lois $\{X_n(P_n)\}$ est tendue.

L'importance de la propriété de tension réside dans sa relation avec la convergence étroite des suites de probabilités, c'est-à-dire le théorème de Prohorov :

Définition. *Une suite de probabilités $\{\mu_n\}$ sur $(S, \mathcal{S})$ est dite étroitement relativement compacte si de toute sous-suite $\{\mu_{n'}\}$, on peut extraire une sous-suite $\{\mu_{n''}\}$ qui converge étroitement vers une probabilité μ sur $(S, \mathcal{S})$.*

Théorème de Prohorov. *Soit $\{\mu_n\}$ une suite de probabilités sur $(S, \mathcal{S})$. Alors $\{\mu_n\}$ est étroitement relativement compacte si et seulement si $\{\mu_n\}$ est tendue.*

Pour une démonstration générale de ce théorème, nous renvoyons aux références citées plus haut. Dans le cas des suites de probabilités sur $(\mathbf{R}, \mathcal{B}(\mathbf{R}))$, le principe de la démonstration de ce théorème est le suivant :

a) Théorème de Helly : soit $\{F_n\}$ la suite des fonctions de répartition d'une suite $\{\mu_n\}$ de probabilités sur $\mathbf{R}$. Alors, de toute sous-suite $\{F_{n'}\}$, on peut extraire une sous-suite $\{F_{n''}\}$ qui converge vers une fonction F au sens suivant: $F_{n''}(x) \to F(x)$ en tout point de continuité de F, F est croissante, continue à droite (comme les $F_{n''}$) mais $F(+\infty) - F(-\infty) \leq 1$; F est donc la fonction de répartition d'une mesure qui n'est pas nécessairement une probabilité : il peut y avoir une "perte de masse".

b) La tension entraîne que $F(+\infty) - F(-\infty) = 1$: et la suite $\{\mu_{n''}\}$ converge alors étroitement vers la probabilité μ de fonction de répartition F.

Rappelons les définitions équivalentes de la contiguïté en conservant les notations du chapitre 3 : $(\Omega_n, \mathcal{A}_n)$ une suite d'espaces mesurables, $(P_n^0), (P_n^1)$, deux suites de probabilités sur $(\Omega_n, \mathcal{A}_n)$. On supposera, pour simplifier, que pour tout n, P_n^0 et P_n^1 sont équivalentes et on pose $\lambda_n = \log \frac{dP_n^1}{dP_n^0}$.

Les propriétés suivantes sont équivalentes :

(0) $(P_n^1) \lhd (P_n^0)$.

(1) Pour toute suite (A_n), $A_n \in \mathcal{A}_n$,

$$\lim_n P_n^0(A_n) = 0 \ \Rightarrow \ \lim_n P_n^1(A_n) = 0 \ .$$

(2) Pour toute suite φ_n de v.a.r. sur $(\Omega_n, \mathcal{A}_n)$, $\varphi_n(P_n^0)$ converge étroitement vers la masse de Dirac en 0 implique $\varphi_n(P_n^1)$ converge étroitement vers la masse de Dirac en 0.

(3) $(\lambda_n(P_n^1))_{n \in \mathbb{N}}$ est étroitement relativement compacte.

(4) Pour toute suite φ_n de v.a.r. sur $(\Omega_n, \mathcal{A}_n)$, $(\varphi_n(P_n^0))$ étroitement relativement compacte implique $(\varphi_n(P_n^1))$ étroitement relativement compacte.

Remarque. Pour la définition 1 bis symétrique de la contiguïté mutuelle, il faut remplacer "implique" par "équivaut à" dans les propriétés (1)(2)(4) ; dans la propriété (3), on aura $\{\lambda_n(P_n^1)\}$ et $\{\lambda_n(P_n^0)\}$ étroitement relativement compactes.

Démonstration. (1) $\Leftrightarrow$ (2) est immédiat. On montrera seulement : (0) $\Leftrightarrow$ (1) $\Leftrightarrow$ (3) ; la démonstration (1) $\Leftrightarrow$ (4) est analogue à celle de (1) $\Leftrightarrow$ (3).

(0) $\Rightarrow$ (1) : prendre $P_n^0(A_n) = \alpha_n$.

(1) $\Rightarrow$ (3). On utilise le théorème de Prohorov et une démonstration par l'absurde. Supposons $\{\lambda_n(P_n^1)\}$ non tendue. Alors, on aurait :

$$\exists\, \eta > 0 \ , \quad \forall\, c_i > 0 \ , \quad c_i \nearrow +\infty \ , \quad \exists\, n_i :$$
$$P_{n_i}^1\left(|\lambda_{n_i}| \le c_i\right) \le 1 - \eta \ .$$

La suite $\{n_i\}$ n'est pas bornée ; sinon, quitte à prendre une sous-suite, il existerait i_0 tel que $\forall\, i \ge i_0$, $n_i = N$, et on aurait,

$$\forall\, i \ge i_0 \qquad P_N^1\left(|\lambda_N| \le c_i\right) \le 1 - \eta \ .$$

Pour $i \to +\infty$, $P_N^1(|\lambda_N| < +\infty) \le 1 - \eta < 1$, ce qui contredirait le fait que P_N^1 et P_N^0 sont équivalentes.

Mais, pour tout $c > 0$, on a :

$$P_n^1(\lambda_n < -c) \ = \ E_n^0\, e^{\lambda_n}\, 1_{\lambda_n < -c} \ \le \ e^{-c}$$

et

$$P_n^0(\lambda_n > c) \ \le \ e^{-c}\, E_n^0\, e^{\lambda_n} \ = \ e^{-c} \ .$$

Donc, pour tout i :

$$\eta \; < \; P^1_{n_i}(|\lambda_{n_i}| > c_i) \; \leq \; P^1_{n_i}(\lambda_{n_i} > c_i) + e^{-c_i} \;.$$

Et pour i assez grand :

$$P^1_{n_i}(\lambda_{n_i} > c_i) \; \geq \; \frac{\eta}{2}$$

et

$$P^0_{n_i}(\lambda_{n_i} > c_i) \; \leq \; e^{-c_i} \; \xrightarrow[i \to +\infty]{} \; 0 \;.$$

Soit (A_n) la suite d'événements définis par $A_n = \{\lambda_{n_i} > c_i\}$ pour $n_i \leq n < n_{i+1}$. On a : $\lim_n P^0_n(A_n) = 0$ et $(P^1_n(A_n))$ contient une sous-suite qui ne converge pas. Donc (1) est contredit.

(3) $\Rightarrow$ (0). Soit (α_n) une suite telle que $\lim_n \alpha_n = 0$, $\alpha_n \in [0, 1]$ et soit $\varphi_n : (\Omega_n, \mathcal{A}_n) \to [0, 1]$ $(\varphi_n \in \Psi_n)$. Alors

$$\int_{\Omega_n} \varphi_n \, dP^1_n \; = \; \int_{(\lambda_n > c)} \varphi_n \, dP^1_n + \int_{(\lambda_n \leq c)} \varphi_n \, dP^1_n$$

$$\leq \; P^1_n(\lambda_n > c) + e^c \int_{\Omega_n} \varphi_n \, dP^0_n \;.$$

Donc

$$S^1_n(\alpha_n) \; \leq \; P^1_n(\lambda_n > c) + e^c \, \alpha_n \;.$$

Comme $\{\lambda_n(P^1_n)\}$ est tendue, pour tout $\varepsilon > 0$, on peut choisir c tel que $P^1_n(\lambda_n > c) \leq \varepsilon$. On peut alors faire $n \to +\infty$ et obtenir $\lim_n S^1_n(\alpha_n) = 0$.
$\square$

Exemple. Soient, sur $(\mathbf{R}, \mathcal{B}(\mathbf{R}))$, $P^0_n = N(\mu^0_n, \sigma^2_n)$ et $P^1_n = N(\mu^1_n, \sigma^2_n)$. On utilise le critère (3) :

$$\lambda_n(x) \; = \; \log \frac{dP^1_n}{dP^0_n}(x) \; = \; x \, \frac{\mu^1_n - \mu^0_n}{\sigma^2_n} - \frac{1}{2\sigma^2_n} \left((\mu^1_n)^2 - (\mu^0_n)^2\right) \;.$$

Sous P^0_n, λ_n suit la loi $N(m_n, v^2_n)$ avec :

$$m_n \; = \; \mu^0_n \, \frac{\mu^1_n - \mu^0_n}{\sigma^2_n} - \frac{1}{2\sigma^2_n} \left[(\mu^1_n)^2 - (\mu^0_n)^2\right] \; = \; -\frac{(\mu^1_n - \mu^0_n)^2}{2\sigma^2_n}$$

et

$$v^2_n \; = \; \sigma^2_n \left(\frac{\mu^1_n - \mu^0_n}{\sigma^2_n}\right)^2 \; = \; \frac{(\mu^1_n - \mu^0_n)^2}{\sigma^2_n} \qquad \left(m_n = -\frac{v^2_n}{2}\right) \;.$$

Sous P^1_n, λ_n suit la loi $N(\frac{v^2_n}{2}, v^2_n)$. Donc, $(\lambda_n(P^0_n))$ et $(\lambda_n(P^1_n))$ sont étroitement relativement compactes si et seulement si la suite v^2_n est bornée.

Voici un théorème propre à la contiguïté mutuelle.

Théorème. *Les suites (P_n^0) et (P_n^1) sont contiguës (mutuellement) si et seulement si :*

1) $(\lambda_n(P_n^0))$ *est étroitement relativement compacte.*
2) *Pour toute mesure μ étroitement adhérente à $(\lambda_n(P_n^0))$ on a*

$$\int_{\mathbb{R}} \exp x \, d\mu(x) = 1 .$$

(Si μ est une loi gaussienne $N(m,\sigma^2)$, la relation $\int_{\mathbb{R}} \exp x \, d\mu(x) = 1$ n'a lieu que si $m = -\frac{\sigma^2}{2}$).

Démonstration. Supposons 1) et 2). Soit φ une fonction continue à support compact et μ une probabilité étroitement adhérente à $\lambda_n(P_n^0)$. Supposons pour simplifier les notations que $\lambda_n(P_n^0)$ converge étroitement vers μ. Alors :

$$E_n^1 \varphi(\lambda_n) = E_n^0 \varphi(\lambda_n) e^{\lambda_n} \underset{n}{\to} \int_{\mathbb{R}} \varphi(x) e^x \mu(dx) .$$

Puisque $\int_{\mathbb{R}} e^x \mu(dx) = 1$, $\mu_1(dx) = e^x \mu(dx)$ est une probabilité et $\lambda_n(P_n^1)$ converge étroitement vers μ_1. Donc (P_n^0) et (P_n^1) sont contiguës d'après le critère (3).

On obtient la réciproque de façon analogue.   □

3.4.2 Exercices et problèmes

Exercice 1. Soit $X_1, \ldots, X_n$ un n-échantillon de loi $N(0,1)$, $\theta \in \mathbb{R}$. Soit u, $\theta_n = \theta_0 + \frac{u}{\sqrt{n}}$, calculer la puissance du test de Neyman-Pearson de θ_0 contre θ_n au niveau α.
(Si $N(u) = \int_{-\infty}^{u} \exp\left(-\frac{x^2}{2}\right) \frac{dx}{\sqrt{2\pi}}$, $t_\alpha = N^{-1}(1-\alpha)$, la puissance $\beta_n = 1 - N(-u + t_\alpha) = \beta$).

Problème 1. (Extrait : examen statistique asymptotique, juin 1988).
1) Soit P_0^n (resp. P_1^n) la loi d'un n-échantillon de variables exponentielles de paramètre θ_0 (resp. $\theta_0 + \frac{u}{\sqrt{n}}$) avec $\theta_0 > 0$, $u > 0$. Montrer que (P_0^n) et $P_1^n)$ sont mutuellement contiguës.
(X suit la loi exponentielle de paramètre θ - Exp (θ) - si X admet pour densité par rapport à la mesure de Lebesgue $f(x,\theta) = \theta \exp(-\theta x) 1_{x \geq 0}$).
2) On observe un n-échantillon $(X_i, Y_i)_{i=1,\ldots,n}$ de loi Exp $(\theta_1) \otimes$ Exp (θ_2). On se propose de construire un test de H_0 : "$\theta_1 = \theta_2$, $\theta_1 > 0$" contre H_1 : "$\theta_1 < \theta_2$, $\theta_1 > 0$, $\theta_2 > 0$".

a) Déterminer d_n pour que le test de région de rejet $\left\{\sum_{i=1}^{n} Y_i < d_n\right\}$ soit un test de Neyman-Pearson de niveau asymptotique α, de l'hypothèse simple

(θ_1, θ_1) contre l'hypothèse simple $\left(\theta_1 , \theta_1 + \frac{\delta}{\sqrt{n}}\right)$, $\delta > 0$. Calculer sa puissance asymptotique β.

b) Même question pour le test $\left\{\sum_{i=1}^{n} X_i > c_n\right\}$ de l'hypothèse simple (θ_1, θ_1) contre $\left(\theta_1 - \frac{\delta}{\sqrt{n}} , \theta_1\right)$. Comparer avec le test a).

c) Déterminer λ_n pour que le test de région de rejet $\left\{\sum_{i=1}^{n}(X_i - Y_i) > \lambda_n\right\}$ soit un test de H_0 contre H_1, de niveau asymptotique α. Calculer sa puissance asymptotique aux points $\left(\theta_1 , \theta_1 + \frac{\delta}{\sqrt{n}}\right)$, $\left(\theta_1 - \frac{\delta}{\sqrt{n}} , \theta_1\right)$. Comparer aux tests a) et b) et interpréter.

d) Ecrire le test du rapport de vraisemblance de H_0 contre H_1.

(Réponses : 2.a) si N est la fonction de répartition de la loi $N(0, 1)$ et $N(z_\alpha) = \alpha, d_n = z_\alpha \frac{\sqrt{n}}{\theta_1} + \frac{n}{\theta_1}, \beta = \phi\left(z_\alpha + \frac{\delta}{\theta_1}\right)$; 2.b) $c_n = -z_\alpha \frac{\sqrt{n}}{\theta_1} + \frac{n}{\theta_1}$, même β; 2.c) $\lambda_n = -z_\alpha \frac{\sqrt{2n}}{\theta_1}, \beta = \phi\left(z_\alpha + \frac{\delta}{\sqrt{2}\,\theta_1}\right)$).

Problème 2. (Extrait : examen septembre 1988). Soit P_θ^n la loi sur $(\mathbf{R}^n, \mathcal{B}(\mathbf{R}^n))$ d'un n-échantillon $X_1, \ldots, X_n$ de variables exponentielles de loi $\exp\left(-(x - \theta)\right) 1_{(x \geq \theta)} dx$.

1) On suppose que $n\theta_n$ tend vers une limite $u > 0$. Etudier la contiguïté des deux suites (P_θ^n) et $(P_{\theta + \theta_n}^n)$.

2) Soit $Z_n(u) = \frac{dP_{\theta + n^{-1}u}^n}{dP_\theta^n}(X_1, \ldots, X_n)$, $u \geq 0$, le processus de vraisemblance. Montrer que $Z_n(u)$ converge en loi sous P_θ^n vers $Z(u) = e^u 1_{(U \leq e^{-u})}$ où U est une v.a. de loi uniforme sur $[0, 1]$.

3) Calculer l'e.m.v. $\hat\theta_n$ de θ et étudier sa loi limite sous P_θ^n (convenablement normalisé).

Solution. 1) Soit $A_n \in \mathcal{B}(\mathbf{R}^n)$ une suite d'événements tels que $\lim_n P_\theta^n(A_n) = 0$. On a :

$$P_\theta^n(A_n) = \int_{A_n} \exp - \left(\sum_{i=1}^{n} x_i - n\theta\right) 1_{\left(\min_{1 \leq i \leq n} x_i \geq \theta\right)} dx_1 \ldots dx_n .$$

D'où $P_{\theta + \theta_n}^n(A_n) \leq e^{n\theta_n} P_\theta^n(A_n)$ puisque $\theta + \theta_n > \theta$ entraîne $\lim_n P_{\theta + \theta_n}^n(A_n) = 0$ puisque $n\theta_n \to u$. Donc $(P_{\theta + \theta_n}^n)$ est contiguë à (P_θ^n).

Cependant, si l'on prend $B_n = \{\theta \leq X_{(1)} \leq \theta + \theta_n\}$, avec $X_{(1)} = \min_{1 \leq i \leq n} X_i$, on a :

$$P_{\theta + \theta_n}^n(B_n) = 0 \qquad \text{pour tout } n$$

et

$$P_\theta^n(B_n) = 1 - P_\theta^n\left(X_{(1)} > \theta + \theta_n\right) = 1 - e^{-n\theta n} \underset{n}{\to} 1 - e^{-u} \neq 0 .$$

Donc (P_θ^n) n'est pas contiguë à $(P_{\theta + \theta_n}^n)$.

2) On a :

$$P_\theta^n \left(X_{(1)} < \theta \right) \; = \; 0 \; ,$$

$Z_n(u) = e^u$ sur $X_{(1)} > \theta + n^{-1}u$, et $Z_n(u) = 0$ sur $\{\theta \leq X_{(1)} \leq \theta + n^{-1}u\} = B_n$. On a :

$$P_\theta^n \left(X_{(1)} - \theta > \frac{u}{n} \right) \; = \; \left(e^{-\frac{u}{n}} \right)^n \; = \; e^{-u}$$

et $P_\theta^n(B_n) = 1 - e^{-u}$. Donc $Z_n(u)$ a, pour tout n, la même loi que $Z(u) = e^u \, 1_{(U \leq e^{-u})}$ où U est une v.a. de loi uniforme sur $[0,1]$.

3)

$$\hat{\theta}_n \; = \; \underset{\theta}{\text{Arg max}} \left[\exp - \left(\sum_{i=1}^n X_i - n\theta \right) 1_{X_{(1)} \geq \theta} \right] \; = \; X_{(1)}$$

vérifie $P_\theta^n(n(\hat{\theta}_n - \theta) > x) = \exp(-x)$, $x > 0$. Donc, $n(\hat{\theta}_n - \theta)$ suit la loi $\text{Exp}(1)$ sous P_θ^n. Remarquons que :

$$\underset{u}{\text{Arg max}} \, Z_n(u) \; = \; \hat{u}_n \; = \; n(\hat{\theta}_n - \theta)$$

et $\text{Arg max}_u \, Z(u) = \hat{u} = - \log U$ qui suit la loi $\text{Exp}(1)$.

Problème 3.
Soit P_0^n (resp. P_1^n) la loi d'un n-échantillon $X_1, \ldots, X_n$ de loi uniforme sur $[0, 1 + \theta]$ (resp. $[0, 1 + \theta - \theta_n]$ où θ, θ_n, $1 + \theta - \theta_n$ sont strictement positifs.
1) Etudier la contiguïté des suites (P_0^n) et (P_1^n) lorsque $n\,\theta_n$ tend vers une limite $u \geq 0$.
2) Montrer que si $\theta_n = n^{-1}u$, $Z_n(u) = \frac{dP_1^n}{dP_0^n}(X_1, \ldots, X_n)$ converge en loi sous P_θ^n vers

$$Z(u) \; = \; \exp \left(\frac{u}{1 + \theta} \right) 1_{\left[U \leq \exp \left(- \frac{u}{1+\theta} \right) \right]}$$

où U est une v.a. uniforme sur $[0,1]$.
3) Calculer l'e.m.v. $\hat{\theta}_n$ de θ et étudier sa loi limite (convenablement normalisé) sous P_0^n.

3.4.3 Exemples de contiguïté en statistique des processus

Pour les exemples qui suivent, on supposera connues l'intégrale stochastique de Itô, la formule de Cameron-Martin-Girsanov (cf. par exemple, Revuz et Yor, 1991).

Modèle statistique canonique associé à l'observation d'un processus à temps et trajectoires continus

1) Observation sur $[0,T]$. Soit $(\overline{\Omega}, \mathcal{F}, \mathbf{P})$ un espace de probabilité et pour $T > 0$, $(X_t^\theta, 0 \leq t \leq T)$ un processus défini sur $\overline{\Omega}$, dépendant d'un paramètre $\theta \in \Theta$ et à trajectoires continues. Soit

$$C_T = C([0,T], \mathbf{R}) = \left\{ \omega : [0,T] \to \mathbf{R} ; \omega = (\omega(t))_{0 \leq t \leq T} \text{ continue} \right\},$$

X_t l'application coordonnée d'indice t : $X_t(\omega) = \omega(t)$ si $\omega \in C$, $\mathcal{C}_T = \sigma(X_t, 0 \leq t \leq T)$ la σ-algèbre engendrée par toutes les applications coordonnées.

Propriété. $\mathcal{C}_T$ *est la σ-algèbre borélienne associée à la topologie de la convergence uniforme sur C_T. (Cf. Billingsley, 1968).*

Soit P_θ^T la loi de probabilité du processus $X^\theta = (X_t^\theta, t \leq T)$ sur $(C_T, \mathcal{C}_T)$, loi image par X^θ de la probabilité $\mathbf{P}$.

Le modèle statistique canonique associé à l'observation X^θ est $\big(C_T, \mathcal{C}_T, (X_t, 0 \leq t \leq T), P_\theta^T \big)$.

2) Observation sur $[0, +\infty)$
Lorsque l'observation est un processus $X^\theta = (X_t^\theta, t \geq 0)$ à trajectoires continues, on pourra considérer $C = C(\mathbf{R}^+, \mathbf{R}) = \big\{ \omega : [0, +\infty) \to \mathbf{R} ; \omega = (\omega(t), t \geq 0) \text{ continue} \big\}$, $X_t(\omega) = \omega(t)$ si $\omega \in C$, $\mathcal{C}_t = \sigma(X_s, s \leq t)$, $\mathcal{C} = \sigma(X_t, t \geq 0)$.

De façon analogue, $\mathcal{C}$ est la σ-algèbre borélienne associée à la topologie de la convergence uniforme sur tout compact de $[0, +\infty)$. Si l'on note $\mathbf{P}_\theta$ la loi sur $(C, \mathcal{C})$ du processus $(X_t^\theta, t \geq 0)$, le modèle statistique canonique associé à cette observation est $\big(C, \mathcal{C}, (X_t, t \geq 0), \mathbf{P}_\theta \big)$.

Exercices.
(1). 1) Soit P_θ^T la loi sur C_T du processus $(\theta t + B_t, t \leq T)$ où (B_t) est un mouvement brownien. Soit $\theta_T = \theta + \frac{u}{\sqrt{T}}$, $\theta, u \in \mathbf{R}$.

Montrer que les lois (P_θ^T) et $(P_{\theta_T}^T)$ sont contiguës, quand $T \to +\infty$.
2) Soit P_θ^ε la loi sur C_T de $(\theta t + \varepsilon B_t, t \leq T)$ et $\theta_\varepsilon = \theta + \varepsilon u$. Les lois P_θ^ε et $(P_{\theta_\varepsilon}^\varepsilon)$ sont contiguës si T est fixé et $\varepsilon \to 0$.

Solution : 1) D'après la formule de Girsanov,

$$\frac{dP_\theta^T}{dP_0^T} = \exp\left(\theta X_T - \frac{\theta^2}{2} T \right),$$

et

$$\lambda_T = \log\left(\frac{dP_{\theta_T}^T}{dP_\theta^T}\right) = \frac{u}{\sqrt{T}} X_T - \frac{1}{2}\left[(\theta + \frac{u}{\sqrt{T}})^2 - \theta^2\right] T$$

$$= \frac{u}{\sqrt{T}}\left(X_T - T(\theta + \frac{u}{2\sqrt{T}})\right)$$

suit sous P_θ^T la loi $N\left[-\frac{u^2}{2}, u^2\right]$.

2)

$$\lambda_\epsilon = \log\left(\frac{dP_{\theta_\epsilon}^\epsilon}{dP_\theta^\epsilon}\right) = \frac{1}{\epsilon^2}\left(\epsilon u(X_T - T(\theta + \epsilon\frac{u}{2}))\right)$$

$$= \frac{u}{\epsilon}\left(X_T - T\theta - \epsilon T\frac{u}{2}\right)$$

λ_ϵ suit sous P_θ^ϵ la loi $N\left[-\frac{u^2}{2}, u^2\right]$.

(2). Soit P_θ^T la loi sur C_T du processus $(f(\theta t) + B_t, 0 \le t \le T)$ où (B_t) est un mouvement brownien, f est une fonction de classe C^2 périodique de période 1 et $\theta > 0$. Soit $\theta_T = \theta + \frac{u}{T^{3/2}}$, $(u > 0)$. Les lois (P_θ^T) et $(P_{\theta_T}^T)$ sont contiguës lorsque $T \to +\infty$.
(Indication : Montrer que $\frac{1}{T^3}\int_0^T s^2 f'^2(\theta s)\,ds \to \frac{1}{3\theta^3}\int_0^1 f'^2(s)\,ds$).

Solution. Soit W^T la loi sur C_T de $(B_t, 0 \le t \le T)$. On a :

$$\frac{dP_\theta^T}{dW^T} = \exp\left[\int_0^T f(\theta s)\,dX_s - \frac{1}{2}\int_0^T f^2(\theta s)\,ds\right]$$

et

$$\lambda_T = \log\frac{dP_{\theta_T}^T}{dP_\theta^T}$$

$$= \int_0^T \left(f(\theta_T s) - f(\theta s)\right) dX_s - \frac{1}{2}\int_0^T \left(f^2(\theta_T s) - f^2(\theta s)\right) ds .$$

Sous P_θ^T, $\left(X_t - \int_0^t f(\theta s)\,ds = W_t^\theta\right)_{t \le t}$ est un mouvement brownien standard. Par suite,

$$\lambda_T = \int_0^T \left(f(\theta_T s) - f(\theta s)\right) dW_s^\theta - \frac{1}{2}\int_0^T \left(f(\theta_T s) - f(\theta s)\right)^2 ds$$

est, sous P_θ^T, une v.a. gaussienne de moyenne $m_T = -\frac{\sigma_T^2}{2}$, de variance

$$\sigma_T^2 = \int_0^T \left(f(\theta_T s) - f(\theta s)\right)^2 ds .$$

Etudions la limite, quand $T \to +\infty$, de σ_T^2 :

$$f(\theta_T s) - f(\theta s) = \frac{u}{T^{3/2}} s f'(\theta s) + \frac{u^2}{2T^3} f''(\tau_s)$$

pour un $\tau_s \in (\theta s, \theta_T s)$. Posons :

$$A_T = \frac{1}{T^3} \int_0^T s^2 f'^2(\theta s)\, ds \quad , \quad B_T = \frac{1}{T^6} \int_0^T f''^2(\tau_s)\, ds \quad ,$$

$$C_T = \frac{1}{T^4 \sqrt{T}} \int_0^T s f'(\theta s) f''(\tau_s)\, ds .$$

Comme f' et f'' sont bornées, on voit que $B_T + C_T \to 0$.
Etudions A_T :

$$A_T = \frac{1}{T^3 \theta^3} \int_0^{\theta T} u^2 f'^2(u)\, du$$

$$= \frac{1}{\theta^3 T^3} \left\{ \sum_{k=0}^{[\theta T]} \int_k^{k+1} u^2 f'^2(u)\, du + \int_{[\theta T]}^{\theta T} u^2 f'^2(u)\, du \right\} .$$

L'inégalité :

$$\sum_{k=0}^{[\theta T]} k^2 \int_0^1 f'^2(u)\, du \leq \sum_{k=0}^{[\theta T]} k^2 \int_k^{k+1} u^2 f'^2(u)\, du \leq \sum_{k=0}^{[\theta T]} (k+1)^2 \int_0^1 f'^2(u)\, du$$

permet de montrer que : $A_T \underset{T \to +\infty}{\longrightarrow} \frac{1}{3\theta^3} \int_0^1 f'^2(u)\, du = \sigma^2$ qui est donc la limite de σ_T^2.

Ainsi, sous P_θ^T, λ_T converge en loi vers $N\left(-\frac{\sigma^2}{2}, \sigma^2\right)$. (Exemple tiré de Ibragimov et Has'minskii, 1981).

L'énoncé suivant est tiré de Sweeting, 1980. Il donne une méthode pour obtenir la loi limite d'un e.m.v. lorsque l'information de Fisher du modèle est aléatoire.

(3). Soit $(\Omega_\epsilon, \mathcal{A}_\epsilon, P_\theta^\epsilon)_{\theta \in \Theta}$ un modèle statistique tel que $dP_\theta^\epsilon = p_\epsilon(\theta)\, d\mu_\epsilon$ et Θ est un ouvert de $\mathbf{R}$. On suppose que toutes les lois P_θ^ϵ sont équivalentes et que $\theta \to \lambda_\epsilon(\theta) = \log p_\epsilon(\theta)$ est de classe $C^2(\mu_\epsilon\text{-p.p.})$.
Hypothèses : L'asymptotique est $\epsilon \to 0$.
1) Il existe une fonction déterministe continue de θ, $m_\epsilon(\theta)$ telle que, pour tout θ, $m_\epsilon(\theta) \to +\infty$ quand $\epsilon \to 0$ et :

$$-\frac{\lambda_\epsilon''(\theta)}{m_\epsilon(\theta)} \quad \text{converge en loi sous} \quad P_\theta^\epsilon$$

vers une v.a. $\mathcal{I}(\theta)$ de loi F_θ telle que $F_\theta((0, +\infty)) = 1$.

2) Si $m_\varepsilon^{1/2}(\theta)(\theta_\varepsilon - \theta)$ et $m_\varepsilon^{1/2}(\theta)(\phi_\varepsilon - \theta)$ sont des fonctions bornées, alors

$$-\frac{\lambda_\varepsilon''(\phi_\varepsilon)}{m_\varepsilon(\theta)} \quad \text{converge en loi sous} \quad P_{\theta_\varepsilon}^\varepsilon \quad \text{vers} \quad \mathcal{I}(\theta) \,.$$

3)

$$\sup_{|\alpha| \leq r_\varepsilon} \left| \frac{\lambda_\varepsilon''(\theta) - \lambda_\varepsilon''(\theta + \alpha)}{m_\varepsilon(\theta)} \right| \to 0$$

en P_θ^ε-probabilité pour toute fonction r_ε telle que $m_\varepsilon(\theta)^{1/2}(r_\varepsilon - \theta)$ soit bornée.
3') 3) est vrai pour toute v.a. r_ε tendant vers 0 en P_θ^ε-probabilité.
Alors, on a :
i) Sous les hypothèses 1),2),3)

$$\left(\frac{\lambda_\varepsilon'(\theta)}{m_\varepsilon(\theta)^{1/2}} , -\frac{\lambda_\varepsilon''(\theta)}{m_\varepsilon(\theta)} \right) \overset{\mathcal{L}(P_\theta^\varepsilon)}{\to} (\sqrt{\mathcal{I}}\, Z , \mathcal{I}) \,,$$

où Z et $\mathcal{J}$ sont indépendantes et Z a la loi $N(0,1)$. Si $\theta_\varepsilon = \theta + \frac{s}{m_\varepsilon^{1/2}(\theta)}$, $s \in \mathbf{R}$, les familles de lois $(P_\theta^\varepsilon)_{\varepsilon > 0}$ et $(P_{\theta_\varepsilon}^\varepsilon)$ sont contiguës.
ii) Sous les hypothèses 1),2),3'), si $\hat{\theta}_\varepsilon$ est un e.m.v. consistant,

$$m_\varepsilon^{1/2}(\theta)\,(\hat{\theta}_\varepsilon - \theta) \underset{\mathcal{L}(P_\theta^\varepsilon)}{\to} Z/\sqrt{\mathcal{I}} \,.$$

Solution. i) Soit $s \in \mathbf{R}$, et $\theta_\varepsilon = \theta + \frac{s}{m_\varepsilon^{1/2}(\theta)}$. On a :

$$\lambda_\varepsilon(\theta_\varepsilon) = \lambda_\varepsilon(\theta) + \frac{s}{m_\varepsilon^{1/2}(\theta)} \lambda_\varepsilon'(\theta) + \frac{s^2}{2m_\varepsilon(\theta)} \lambda_\varepsilon''(\phi_\varepsilon)$$

où $\phi_\varepsilon \in (\theta, \theta_\varepsilon)$. D'où, en prenant l'exponentielle :

$$p_\varepsilon(\theta)\, e^{sX_\varepsilon} = p_\varepsilon(\theta_\varepsilon)\, e^{\frac{s^2}{2} V_\varepsilon}$$

avec

$$X_\varepsilon = \frac{\lambda_\varepsilon'(\theta)}{m_\varepsilon^{1/2}(\theta)} \quad , \quad V_\varepsilon = -\frac{\lambda_\varepsilon''(\phi_\varepsilon)}{m_\varepsilon(\theta)} \,.$$

Soit u une fonction continue à support compact définie sur $\mathbf{R}$. On a la relation:

$$E_\theta^\varepsilon\, e^{sX_\varepsilon}\, u(V_\varepsilon) = E_{\theta_\varepsilon}^\varepsilon\, u(V_\varepsilon)\, e^{\frac{s^2}{2} V_\varepsilon}$$

en intégrant par rapport à μ_ε. D'après l'hypothèse 2),

$$E_{\theta_\varepsilon}^\varepsilon\, u(V_\varepsilon)\, e^{\frac{s^2}{2} V_\varepsilon} \to E\, u(\mathcal{I})\, e^{\frac{s^2}{2} \mathcal{I}}$$

où $\mathcal{I}$ est une v.a. de loi F_θ. Donc $E_\theta^\varepsilon \, e^{s X_\varepsilon} u(V_\varepsilon)$ converge aussi vers :

$$ E \, u(\mathcal{I}) \, e^{\frac{s^2}{2} \mathcal{I}} \; = \; E\left(u(\mathcal{I}) \, e^{s \sqrt{\mathcal{I}} \, z} \right) $$

où le couple $(\mathcal{I}, Z)$ a la loi $F_\theta \otimes \mathcal{N}(0,1)$. Par suite, $(X_\varepsilon, V_\varepsilon)$ converge en loi sous P_θ^ε vers $(\sqrt{\mathcal{I}} \, Z , \mathcal{I})$. En utilisant l'hypothèse 3), on en déduit que :

$$ \left(X_\varepsilon \, , \, -\frac{\lambda_\varepsilon''(\theta)}{m_\varepsilon(\theta)} \right) \overset{\mathcal{L}(P_\theta^\varepsilon)}{\longrightarrow} (\sqrt{\mathcal{I}} \, Z , \mathcal{I}) \qquad \text{également.} $$

De plus, ce résultat montre que $\lambda_\varepsilon(\theta_\varepsilon) - \lambda_\varepsilon(\theta)$ converge en loi P_θ^ε vers $s\sqrt{\mathcal{I}} \, Z - \frac{s^2}{2} \mathcal{I} = U$, v.a. vérifiant $E \, e^U = 1$. D'où la propriété de contiguïté.
ii)
$$ \lambda_\varepsilon'(\hat\theta_\varepsilon) \; = \; 0 \; = \; \lambda_\varepsilon'(\theta) + (\hat\theta_\varepsilon - \theta) \, \lambda_\varepsilon''(\psi_\varepsilon) $$

où $\psi_\varepsilon \in (\theta, \hat\theta_\varepsilon)$. D'où :

$$ m_\varepsilon^{1/2}(\theta)(\hat\theta_\varepsilon - \theta) \; = \; -\frac{\lambda_\varepsilon'(\theta)/m_\varepsilon^{1/2}(\theta)}{\lambda_\varepsilon''(\psi_\varepsilon)/m_\varepsilon(\theta)} $$

converge en loi vers $Z/\sqrt{\mathcal{I}}$ en utilisant le résultat i) et l'hypothèse 3').

Application: Processus D'Ornstein-Uhlenbeck (Cas non ergodique)
Soit (B_t) un mouvement brownien sur $(\Omega, \mathcal{F}, \mathbf{P})$. On considère le processus défini sur Ω par :

$$ dX_t^\theta \; = \; \theta X_t^\theta \, dt + dB_t \quad , \quad X_0 = 0 \, . $$

La solution de cette équation différentielle stochastique est :

$$ X_t^\theta \; = \; e^{\theta t} \int_0^t e^{-\theta s} \, dB_s \, . $$

Soit $C = C(\mathbf{R}^+, \mathbf{R})$ l'espace des trajectoires du processus $(X_t^\theta, t \geq 0)$, $X_t(w) = w(t)$ si $w \in C$ les coordonnées canoniques de C, $\mathcal{C}_t = \sigma(X_s, s \leq t)$, $\mathcal{C} = \sigma(X_t, t \geq 0)$. On note P_θ la loi sur $(C, \mathcal{C})$ du processus $(X_t^\theta, t \geq 0)$ et on suppose $\theta > 0$. On note P_θ^t la loi P_θ restreinte à $\mathcal{C}_t$.
1) Montrer que $X_t e^{-\theta t}$ converge dans $L^2(P_\theta)$ vers une v.a. $Z(\theta)$ de loi $N\left(0, \frac{1}{2\theta}\right)$. En déduire que, si $m_t(\theta) = \frac{e^{2\theta t} - 1}{2\theta}$,

$$ \frac{1}{m_t(\theta)} \int_0^t X_s^2 \, ds \; \underset{t \to +\infty}{\overset{P_\theta}{\longrightarrow}} \; Z(\theta)^2 \; = \; \mathcal{I}(\theta) \, , $$

v.a. de loi F_θ. (F_θ est la loi $\frac{1}{2\theta} \chi^2(1)$).

2) Soit θ_t une fonction telle que $m_t^{1/2}(\theta)(\theta_t - \theta) = s_t$ soit bornée. Montrer que $\frac{1}{m_t(\theta)} \int_0^t X_s^2 \, ds$ converge en loi sous $P_{\theta_t}^t$ vers $\mathcal{I}(\theta)$. (On calculera $\varphi_t(\lambda) = E_{\theta_t}^t \exp\left[-\frac{\lambda}{m_t(\theta)} \int_0^t X_s^2 \, ds\right]$ en utilisant la probabilité $P_{\alpha_t}^t$ et $\alpha_t = \theta_t^2 + \frac{2\lambda}{m_t(\theta)}$). En déduire que :

$$\left(\frac{1}{m_t^{1/2}(\theta)} \int_0^t X_s \, dW_s \ , \ \frac{1}{m_t(\theta)} \int_0^t X_s^2 \, ds \right)$$

converge en loi sous P_θ vers $(\sqrt{\mathcal{I}} \, Z \ , \ \mathcal{I})$ où le couple $(\mathcal{I}, Z)$ a la loi $F_\theta \otimes \mathcal{N}(0,1)$.

En déduire que l'estimateur du maximum de vraisemblance $\hat{\theta}_t$ de θ vérifie:

$$m_t^{1/2}(\theta)(\hat{\theta}_t - \theta) \xrightarrow[t \to +\infty]{\mathcal{L}(P_\theta)} Z/\sqrt{\mathcal{I}} \ .$$

Solution. Soit $W_t^\theta = X_t - \int_0^t \theta X_s \, ds$. Sous P_θ, (W_t^θ) est un mouvement brownien et

$$X_t e^{-\theta t} = \int_0^t e^{-\theta s} \, dW_s^\theta \ .$$

Comme $\int_0^\infty e^{-2\theta s} \, ds < \infty$,

$$\int_0^t e^{-\theta s} \, dW_s^\theta \xrightarrow[t \to +\infty]{} \int_0^\infty e^{-\theta s} \, dW_s^\theta = Z(\theta) \qquad \text{dans} \quad L^2(P_\theta) \ .$$

La v.a. $Z(\theta)$ est gaussienne de moyenne 0, de variance $\frac{1}{2\theta}$. Etudions la limite de

$$\frac{1}{m_t(\theta)} \int_0^t X_s^2 \, ds = \frac{\int_0^t X_s^2 \, ds}{\int_0^t e^{2\theta s} \, ds} = \frac{\int_0^t (X_s e^{-\theta s})^2 e^{2\theta s} \, ds}{\int_0^t e^{2\theta s} \, ds}$$

$$= \frac{\int_0^t [(X_s e^{-\theta s})^2 - Z_{(\theta)}^2] e^{2\theta s} \, ds}{\int_0^t e^{2\theta s} \, ds} + Z(\theta)^2 \ .$$

Pour tout $\varepsilon > 0$ choisissons $t_0 > 0$ tel que : $\forall \, t \geq t_0$

$$E_\theta |(X_t e^{-\theta t})^2 - Z(\theta)^2| \leq \varepsilon \ .$$

On peut écrire :

$$E_\theta \int_0^t |(X_s e^{-\theta s})^2 - Z(\theta)^2| \, e^{2\theta s} \, ds$$

$$\leq \int_0^{t_0} \left(E_\theta (X_s e^{-\theta s})^2 + E_\theta Z(\theta)^2 \right) e^{2\theta s} \, ds + \varepsilon \int_{t_0}^t e^{2\theta s} \, ds \ .$$

D'où l'on déduit :

$$\frac{1}{m_t(\theta)} \int_0^t X_s^2 \, ds \xrightarrow[t\to+\infty]{L^1(P_\bullet)} Z(\theta)^2 = \mathcal{I}(\theta) \, .$$

2) Calculons $\varphi_t(\lambda) = E_{\theta_t}^t \exp\left[-\lambda \frac{\int_0^t X_s^2 \, ds}{m_t(\theta)}\right]$. Nous devons montrer que :

$$\varphi_t(\lambda) \xrightarrow[t\to+\infty]{} E \exp -\lambda \mathcal{I}(\theta) = \varphi(\lambda) \, .$$

Calculons $\varphi(\lambda)$:

$$\varphi(\lambda) = \int_{\mathbb{R}} e^{-\lambda u^2} e^{-\frac{1}{2} 2\theta(u)^2} \frac{du}{\sqrt{2\pi}} \sqrt{2\theta}$$

$$= \left(\frac{2\theta}{2\lambda + 2\theta}\right)^{1/2} = \left(\frac{\theta}{\lambda + \theta}\right)^{1/2} \, .$$

Pour calculer $\varphi_t(\lambda)$, nous utilisons le fait que pour tout θ les lois P_θ^t et P_0^t sont équivalentes avec :

$$dP_\theta^t = \exp\left[\theta \int_0^t X_s \, dX_s - \frac{\theta^2}{2} \int_0^t X_s^2 \, ds\right] dP_0^t \, .$$

Donc :

$$\varphi_t(\lambda) = E_0^t \exp\left[\theta_t \int_0^t X_s \, dX_s - \left(\frac{1}{2}\theta_t^2 + \frac{\lambda}{m_t(\theta)}\right) \int_0^t X_s^2 \, ds\right] \, .$$

Soit $\alpha_t^2 = \theta_t^2 + \frac{2\lambda}{m_t(\theta)}$, alors :

$$\varphi_t(\lambda) = E_0^t \exp\left[\alpha_t \int_0^t X_s \, dX_s - \frac{\alpha_t^2}{2} \int_0^t X_s^2 \, ds\right] \exp(\theta_t - \alpha_t) \int_0^t X_s \, dX_s$$

$$= E_{\alpha_t}^t \exp(\theta_t - \alpha_t)\frac{1}{2}(X_t^2 - t)$$

Sous $P_{\alpha_t}^t$, $X_t \sim N\left(0, \frac{e^{2\alpha_t t}-1}{2\alpha_t} = \sigma_t^2\right)$ où $\sigma_t^2 = m_t(\alpha_t)$.

Donc

$$\varphi_t(\lambda) = \exp -\frac{t}{2}(\theta_t - \alpha_t) \left(\frac{1}{1 - (\theta_t - \alpha_t)\sigma_t^2}\right)^{1/2} \, .$$

Or

$$\theta_t - \alpha_t = \theta_t \left(1 - \left(1 + \frac{2\lambda}{m_t(\theta)\theta_t^2}\right)^{1/2}\right) \, .$$

Comme $\theta_t = \theta + \frac{s_t}{m_t(\theta)^{1/2}}$ avec $|s_t| \le K$, $\theta_t^2 m_t(\theta) \to +\infty$, donc :

$$t(\theta_t - \alpha_t) = \left\{ -\frac{\lambda t}{m_t(\theta)\theta_t} + \theta_t \, o\left(\frac{1}{m_t(\theta)\theta_t^2}\right) \right\} \underset{t \to +\infty}{\longrightarrow} 0 \,.$$

Donc

$$\varphi_t(\lambda) \underset{t \to +\infty}{\widetilde{}} \left(\frac{1}{1 - \sigma_t^2(\theta_t - \alpha_t)}\right)^{1/2} \,.$$

On a :

$$\alpha_t - \theta_t = \frac{\lambda}{m_t(\theta)\theta_t} - \frac{\lambda^2}{2m_t(\theta)^2 \, \theta_t^3} + \theta_t \, o\left(\frac{1}{m_t^2(\theta)\theta_t^4}\right) \,.$$

On en déduit aisément que :

$$1 + \sigma_t^2(\alpha_t - \theta_t) = 1 + \frac{\lambda}{\theta} + 0(1) \,.$$

Et

$$\varphi_t(\lambda) \underset{t \to +\infty}{\longrightarrow} \frac{1}{\left(1 + \frac{\lambda}{\theta}\right)^{1/2}} = \varphi(\lambda) \,.$$

Appliquons à présent le résultat de l'exercice précédent (Sweeting). Posons:

$$\lambda_t(\theta) = \theta \int_0^t X_s \, dX_s - \frac{\theta^2}{2} \int_0^t X_s^2 \, ds \,.$$

On a :

$$\lambda_t'(\theta) = \int_0^t X_s(dX_s - \theta X_s \, ds) = \int_0^t X_s \, dW_s^\theta \,,$$

$\lambda_t''(\theta) = -\int_0^t X_s^2 \, ds$ et

$$\hat{\theta}_t = \frac{\int_0^t X_s \, dX_s}{\int_0^t X_s^2 \, ds}$$

de sorte que :

$$(\hat{\theta}_t - \theta) \, m_t^{1/2}(\theta) = \frac{\int_0^t X_s \, dW_s^\theta / m_t(\theta)^{1/2}}{\int_0^t X_s^2 \, ds / m_t(\theta)} \,.$$

Les hypothèses 1),2),3') de l'exercice précédent sont satisfaites ce qui implique :

$$\left(\frac{\int_0^t X_s \, dW_s^\theta}{m_t^{1/2}(\theta)} \,, \, \frac{\int_0^t X_s^2 \, ds}{m_t(\theta)}\right) \overset{\mathcal{L}(P_\theta^t)}{\underset{t \to +\infty}{\longrightarrow}} \left(\sqrt{\mathcal{I}(\theta)} \, Z \,, \, \mathcal{I}(\theta)\right) \,.$$

On en conclut que

$$m_t^{1/2}(\theta)(\hat{\theta}_t - \theta) \overset{\mathcal{L}(P_\theta^t)}{\longrightarrow} Z/\sqrt{\mathcal{I}(\theta)} \,.$$

(En effet, dans ce modèle $\lambda_t''(\theta)$ ne dépend pas de θ).

4. Comparaison des suites de tests
Point de vue non local

4.1 Théorèmes de Grandes Déviations

On a vu au premier chapitre que : $\frac{1}{\sqrt{2\pi}} \int_a^{+\infty} e^{-\frac{x^2}{2}} \, dx$ était équivalent à $\frac{1}{\sqrt{2\pi} \, a} e^{-\frac{a^2}{2}}$ quand a tend vers $+\infty$, on en déduit facilement que si $X_1, \ldots, X_n$ sont un n-échantillon de $N(0,1)$,

$$P\left(\frac{X_1 + \cdots + X_n}{\sqrt{n}} \geq u_n\right) \sim \frac{1}{\sqrt{2\pi} \, u_n} e^{-\frac{u_n^2}{2}} \qquad \text{quand} \quad u_n \to +\infty$$

et donc (ce qui est plus faible) que

$$\frac{1}{u_n^2} \log P\left(\frac{X_1 + \cdots + X_n}{\sqrt{n} \, u_n} \geq 1\right) \to -\frac{1}{2} \qquad \text{quand} \quad n \to +\infty .$$

A cause du théorème de la limite centrale un événement du type $\frac{X_1 + \cdots + X_n}{\sqrt{n} \, u_n} \geq 1$ est un "événement rare". Nous allons donner des théorèmes qui évaluent la probabilité de tels événements pour des échantillons non spécifiquement gaussiens. On montrera, en particulier, que si u_n tend vers l'infini, on a essentiellement deux types de comportements : soit u_n tend moins vite que $\sqrt{n}$ vers l'infini et le comportement ne retient, comme c'est le cas pour le théorème de la limite centrale que les deux premiers moments de la loi des X, soit u_n est équivalent à $\sqrt{n}$ et le comportement est caractéristique de la loi des X.

4.1.1 Transformée de Cramér

Soit X une variable aléatoire réelle, $m = EX$, $L(\lambda) = E e^{\lambda X}$, sa transformée de Laplace. (Pour les propriétés de la transformée de Laplace, consulter le cours complémentaire).

Soit $J = \{\lambda \in \mathbf{R} , L(\lambda) < +\infty\}$, $\lambda_+ = \sup\{\lambda, L(\lambda) < +\infty\}$, $\lambda_- = \inf\{\lambda, L(\lambda) < +\infty\}$. On suppose que $\lambda_- < 0 < \lambda_+$ ($0 \in \overset{\circ}{J}$). On pose $l(\lambda) = \log L(\lambda)$ et on définit *la transformée de Cramér* de (la loi de probabilité de) X :

$$h(a) \; = \; \sup_{\lambda \in \mathbb{R}} \{ a\lambda - l(\lambda) \}$$

(h est la duale au sens Young-Orlicz de $l(\cdot)$: cf. Rockafellar, 1970).

Propriétés de la transformée de Cramér

(1) $h(a) = \sup_{\lambda \in J} \{ a\lambda - l(\lambda) \}$.
(2) $h \geq 0$, convexe, s.c.i..
(3)   Soit $a_+ = \lim_{\lambda \nearrow \lambda_+} l'(\lambda)$, $a_- = \lim_{\lambda \searrow \lambda_-} l'(\lambda)$. Pour $a_- < a < a_+$,

$$\begin{cases} h(a) \; = \; a\,\lambda(a) - l(\lambda(a)) \\ \lambda(a) \; = \; (l')^{-1}(a) \; . \end{cases}$$

(4)   Pour $a_- < a < a_+$, $m = l'(0)$

$$h(m) \; = \; 0 \quad \text{et} \quad h(a) \; = \; \int_m^a \lambda(u)\,du \; .$$

On a également $h'(m) = 0$.
(5) $l(\lambda) = +\infty \quad \forall\, \lambda > 0 \;\Leftrightarrow\; h(x) = 0 \quad \forall\, x \geq 0$.
(6) $\exists\, \lambda > 0 \;/\; l(\lambda) < +\infty \;\Leftrightarrow\; \lim_{x \to \infty} h(x) = +\infty$.
(7) $l(\lambda) < +\infty \quad \forall\, \lambda > 0 \;\Leftrightarrow\; \lim_{x \to +\infty} \frac{h(x)}{x} = +\infty$.
(8) $[a_-, a_+]$ est la fermeture de l'enveloppe convexe du support de la loi de X.

Démonstrations. Posons $H_a(\lambda) = a\lambda - l(\lambda)$.
(1) évident (si $\lambda \notin J$, $H_a(\lambda) = -\infty$).
(2) $h(a) \geq H_a(0) = 0$. h est convexe, s.c.i. comme enveloppe supérieure des fonctions linéaires : $a \to a\lambda - l(\lambda)$, $\lambda \in J$.
(3) Comme $l(\cdot)$ est strictement convexe (si $X \neq$ cste) $l' = \frac{L'}{L}$ est strictement croissante sur $\overset{\circ}{J} =]\lambda_-, \lambda_+[$, donc c'est une bijection de $]\lambda_-, \lambda_+[$ sur $]a_-, a_+[$ qui admet pour réciproque $\lambda(a) = (l')^{-1}(a)$ sur $]a_-, a_+[$. La fonction $\lambda \to H_a(\lambda)$ est concave, on a

$$\text{si} \quad a_- < a < a_+ \qquad H_a'(\lambda) \; = \; a - l'(\lambda)$$

donc $H_a'(\lambda)$ s'annule en un point unique $\lambda(a)$ défini par : $a = l'(\lambda)$. En ce point H_a est maximum.
(4) Par sa définition la fonction $\lambda :]a_-, a_+[\to]\lambda_-, \lambda_+[$ est croissante, continue de classe C_1 et vérifie $\lambda(m) = 0$ et $h'(a) = \lambda(a) + a\lambda'(a) - a\lambda'(a)$.
   On trouvera les démonstrations de (5),(6),(7) et (8) dans Azencott, 1980, p. 12-20.
   On peut lire la valeur de $h(a)$ sur le graphe de $l(\lambda)$. En effet, pour a donné, la tangente à la courbe $l(\lambda)$ qui a pour pente a, est exactement la tangente

au point $(\lambda(a), l(\lambda(a)))$. Ainsi, $h(a) = a\,\lambda(a) - l(\lambda(a))$ est la différence des ordonnées.

Plusieurs exemples de calcul figurent dans le cours complémentaire. Mentionnons l'exemple fondamental :

$$X \sim N(m, \sigma^2) \;\rightarrow\; h(a) = \frac{(a-m)^2}{2\sigma^2}\;.$$

4.1.2 Evaluations d'événements rares

Théorème 1. Grandes déviations $(u_n = a\sqrt{n})$.
Soit $X_1, \ldots, X_n$ un n-échantillon de variables réelles suivant une loi F centrée et telle que

$$E \exp t|X| \;<\; +\infty \qquad \forall\, t \geq 0\;.$$

Soit a un nombre strictement positif, alors :

$$\lim_{n \to \infty} \frac{1}{n}\,\log P\left(\frac{X_1 + \cdots + X_n}{n} \geq a\right) \;=\; -h(a)$$

où h est la transformée de Cramér de la loi F.

Théorème 2. Moyennes déviations $(0 \leq u_n\,,\; u_n/\sqrt{n} \to 0)$.
Soit $(X_1, \ldots, X_n)$ un n-échantillon de variables réelles suivant une loi F centrée, de variance σ^2 telle que

$$E \exp t|X| \;<\; +\infty \qquad \forall\, 0 \leq t \leq t_0 \quad t_0 > 0\;.$$

Soit u_n une suite de réels positifs telle que $\frac{u_n}{\sqrt{n}} \to 0$ et $u_n \to +\infty$. Alors :

$$\lim_{n \to \infty} \frac{1}{u_n^2}\,\log P\left(\frac{X_1 + \cdots + X_n}{\sqrt{n}} \geq a u_n\right) \;=\; -h_0(a)$$

où h_0 est la transformée de Cramér de la loi $N(0, \sigma^2)$.

Démonstration. Théorème 1 : 1) D'après l'inégalité de Markov :

$$P\left(\frac{\sum X_i}{n} \geq a\right) \;\leq\; \int \exp t\,\Sigma(x_i - an)\,1_{\Sigma x_i - an \geq 0}\,dF^n_{(x_1, \ldots, x_n)}$$

$$\leq\; \exp -n\,a\,t\left(\int \exp tx\,dF(x)\right)^n \qquad (\forall\, t > 0)$$

$$\leq\; \exp -n\,h(a)\;.$$

2) C'est dans la démonstration de cette inégalité réciproque que l'on trouve toute la technique des grandes déviations. L'idée consiste à changer de loi de

probabilité de sorte que pour la nouvelle loi, l'événement $\left\{ \frac{\Sigma X_i}{n} > a \right\}$ ne soit plus négligeable.

Démontrons le théorème dans le cas où le domaine de définition de h est $]a_-, a_+[$ en remarquant que si $h(a) = +\infty$, la minoration est triviale alors que si $h(a) < +\infty$, $h(a) = a\lambda(a) - l(\lambda(a))$. Considérons, dans ce cas $F_{\lambda(a)}$ la loi absolument continue par rapport à F de densité :

$$\frac{dF_{\lambda(a)}}{dF}(x) = \exp\left\{\lambda(a)x - l(\lambda(a))\right\} .$$

Sa moyenne est a et sa variance $l''(\lambda(a))$.

$$P\left(\frac{\Sigma X_i}{n} \geq a\right) = \int_{\mathbb{R}^n} \exp\left\{-\lambda(a)\Sigma x_i + nl(\lambda(a))\right\}$$

$$1\{\frac{\Sigma x_i}{n} \geq a\} \prod_{i=1}^{n} dF_{\lambda(a)}(x_i)$$

$$\geq \exp -nh(a)\, F_{\lambda(a)}^{\otimes n}\left(a \leq \frac{\Sigma X_i}{n} < a+\varepsilon\right) .$$

Or on peut appliquer le théorème de la limite centrale :

$$F_{\lambda(a)}^{\otimes n}\left(\frac{\Sigma(X_i - a)}{\sqrt{n}\, l''(\lambda(a))} \in [0,\beta]\right) \rightarrow N(\beta) - N(0)$$

où N est la fonction de répartition de la gaussienne centrée réduite ce qui nous permet de déduire que

$$F_{\lambda(a)}^{\otimes n}\left(a \leq \frac{\Sigma X_i}{n} \leq a+\varepsilon\right) \geq \left(\frac{1}{2} - \delta\right) \quad \text{pour } n \text{ assez grand.} \quad \text{Q.E.D.}$$

La démonstration du théorème 2 est identique. Il convient d'étudier h au voisinage de 0. Or $a \rightarrow 0 \Rightarrow l'(\lambda) \rightarrow 0$ i.e. $\lambda(a) \rightarrow 0$. On vérifie qu'en zéro $l(\lambda) \sim \frac{\sigma^2\lambda^2}{2}$, de sorte que $h(a) \sim \frac{a^2}{2\sigma^2}$ (cf. Feller, 1971, chapitre 16 ou Mogulskii, 1976).

Remarque. Pour $a_- < a < a^+$, et $\mu = P_X$,

$$h(a) = \inf\left\{K(\nu,\mu) , \nu \text{ probabilité sur } \mathbb{R} \text{ telle que} : \int_{\mathbb{R}} x\,\nu(dx) = a\right\}$$

($K(\nu,\mu)$ est l'information de Kullback de ν par rapport à μ).

Démonstration.

$$K(\nu,\mu) = +\infty \qquad \text{si } \nu \text{ n'est pas absolument}$$
$$\text{continue par rapport à } \mu$$

$$= \int \log\frac{d\nu}{d\mu}\, d\nu \qquad \text{sinon .}$$

Soit $\lambda(a)$ tel que $h'(a) = \lambda(a) = (l')^{-1}(a)$ et $h(a) = a\lambda(a) - l(\lambda(a))$.
Posons

$$\nu_a(dx) = \frac{e^{\lambda(a)x}}{L(\lambda(a))}\, d\mu(x)\ .$$

On a :

$$\int_{\mathbb{R}} x\, \nu_a(dx) = \frac{1}{L(\lambda(a))} \int_{\mathbb{R}} x e^{\lambda(a)x}\, d\mu(x)$$

$$= \frac{1}{L(\lambda(a))}\, E\, X\, e^{\lambda(a)X} = \frac{L'(\lambda(a))}{L(\lambda(a))} = a\ .$$

Donc

$$K(\nu_a, \mu) = \int \left(\lambda(a)x - l(\lambda(a))\right) \frac{e^{\lambda(a)x}}{L(\lambda(a))}\, d\mu(x)$$

$$= \lambda(a)a - l(\lambda(a)) = h(a)\ .$$

Par ailleurs, si $\int x\, \nu(dx) = a$,

$$K(\nu, \mu) = \int \log \frac{d\nu}{d\mu}\, d\nu = \int \log \frac{d\nu}{d\nu_a}\, d\nu + \int \log \frac{d\nu_a}{d\mu}\, d\nu$$

$$= K(\nu, \nu_a) + \int \left(\lambda(a)x - l(\lambda(a))\right) d\nu$$

$$= K(\nu, \nu_a) + \lambda(a)a - l(\lambda(a))$$

$$\geq h(a)\ . \qquad (K(\nu, \nu_a) \geq 0)\ . \qquad \square$$

Les théorèmes 1 et 2 sont en fait des cas particuliers de théorèmes dits de deuxième niveau qui concernent le comportement des mesures empiriques. Enonçons ci-dessous le théorème de Sanov (cf. démonstration dans Azencott, 1980). Le passage du théorème de Sanov au théorème 1 se fait au travers de la remarque précédente.

Théorème de Sanov. Soit $(X_1, \ldots, X_n)$ un n-échantillon de loi F sur un espace de Banach $\mathcal{X}$ telle que $E \exp t\|X\| < +\infty$, $\forall\, t > 0$. Soit $\hat{F}_n$ la répartition empirique construite sur $X_1, \ldots, X_n$ et $\mathcal{P}(\mathcal{X})$ l'ensemble des probabilités sur $\mathcal{X}$, muni de la topologie de la convergence étroite.
Alors $\forall\, \mathcal{B}$ borélien de $\mathcal{P}(\mathcal{X})$,

$$- \inf_{\lambda \in \overset{\circ}{\mathcal{B}}} K(\lambda, F) \leq \varliminf_{n \to \infty} \frac{1}{n} \log P(\hat{F}_n \in \mathcal{B})$$

$$\leq \varlimsup_{n \to \infty} \frac{1}{n} \log P(\hat{F}_n \in \mathcal{B}) \leq - \inf_{\lambda \in \overline{\mathcal{B}}} K(\lambda, F)\ .$$

$\overset{\circ}{\mathcal{B}}$ représente l'intérieur de $\mathcal{B}$, $\overline{\mathcal{B}}$ représente la fermeture de $\mathcal{B}$.

4 2 Application à la théorie des tests

La théorie des grandes déviations permet (entre autres) de comparer les tests entre eux. On montre (cf. proposition) que si P et Q sont deux mesures distinctes, on peut trouver un test (basé sur le n-échantillon) dont les deux erreurs décroissent exponentiellement vite vers 0. La proposition permet même de déterminer la plus petite erreur exponentielle à niveau de décroissance fixé.

On se reférera pour la bibliographie à Bahadur, 1960, ainsi qu'à Birgé, 1979, 1980, et de façon générale au Séminaire d'Orsay sur les Grandes Déviations, 1979.

4.2.1 Etude du cas de Neyman-Pearson

Supposons que l'on veuille tester $H_0 : \{P\}$ contre $H_1 : \{Q\}$. On sait qu'il existe dans ce cas un test optimal : le test de Neyman-Pearson : cela va nous permettre dans un premier temps d'évaluer une borne inférieure du problème: la meilleure performance possible.

Soit $(X_1, \ldots, X_n)$ un échantillon de loi P sous H_0, Q sous H_1. On suppose P et Q équivalentes.

Proposition. *Soit c un seuil fixe tel que*

$$-K(P,Q) \leq c \leq K(Q,P).$$

Alors si

$$\alpha_n = \frac{1}{n} \log P \left(\frac{1}{n} \sum_{i=1}^{n} \log \frac{dQ}{dP}(X_i) > c \right)$$

$$\beta_n = \frac{1}{n} \log Q \left(\frac{1}{n} \sum_{i=1}^{n} \log \frac{dQ}{dP}(X_i) \leq c \right).$$

On a :

$$\lim_{n \to \infty} \alpha_n = \alpha(c) = -\{c t_c - \psi(t_c)\}$$

$$\lim_{n \to \infty} \beta_n = \beta(c) = c + \alpha(c)$$

avec

$$\psi(t) = \log \int (dQ)^t (dP)^{1-t} \quad et \quad \psi'(t_c) = c.$$

Si $c \leq -K(P,Q)$, $\alpha_n \to 0$, si $c \geq K(Q,P)$, $\beta_n \to 0$.

La *démonstration* est une application du théorème 1 (ou du théorème de Sanov) en remarquant que $l_0(\lambda) = \log \int \exp \lambda \log \frac{dQ}{dP}(x)\,dP$, $l_1(\lambda) =$

$\log \int \exp \lambda \log \frac{dP}{dQ}(x)\, dQ$ et on évalue $h_0(c)$ et $h_1(-c)$. Il suffit alors de remarquer que $l_1(\lambda) = l_0(1 - \lambda)$.

Si $c \leq -K(P, Q)$ on a :

$$P\left(\frac{1}{n}\sum \log \frac{dQ}{dP}(X_i) \geq c\right) \leq P\left(\log \frac{dQ}{dP} > -\infty\right).$$

Remarques. • Il résulte de cette proposition une nouvelle définition de l'information de Kullback $K(P, Q)$ (de "style Cramér-Rao") comme la log-erreur minimale que l'on puisse faire dans un test de $\{P\}$ contre $\{Q\}$.

• $\alpha(c) = -K\left(F_{t_c}, P\right)$, $\beta(c) = K\left(F_{t_c}, Q\right)$ où F_{t_c} peut être défini soit par le théorème de Sanov soit comme suit :

Deux mesures P et Q étant données, on appelle arc d'Hellinger joignant P et Q l'ensemble des mesures

$$dF_t = \frac{(dQ)^t\, (dP)^{1-t}}{\int (dQ)^t\, (dP)^{1-t}} \quad , \qquad t \in [0, 1].$$

La notation $(dQ)^t\, (dP)^{1-t}$ désigne $\left(\frac{dQ}{d\mu}\right)^t\left(\frac{dP}{d\mu}\right)^{1-t} d\mu$ pour n'importe quelle mesure μ dominant P et Q. C'est le "segment" qui joint P à Q de sorte que $\forall\, t < t'$ le test de Neyman-Pearson de $H_0 : \{F_t\}$ contre $H_1 : \{F_{t'}\}$ soit toujours le même.

4.2.2 Etude des cas H_0 et H_1 non simples

Soit $X_1, \ldots, X_n$ un n-échantillon et une partition de $\Theta = \Theta_0 \cup \Theta_1$.

Définitions. *Soit φ_n une suite de tests de $H_0 : \{\theta \in \Theta_0\}$ calculée sur le n-échantillon. Soit $\theta_1 \in \Theta_1 \setminus \overline{\Theta_0}$, les quantités :*

$$\alpha = -\inf_{\theta_0 \in \Theta_0} \lim_{n \to +\infty} \frac{1}{n} \log E_{\theta_0}^n\, \varphi_n$$

$$\beta(\theta_1) = -\lim_{n \to \infty} \frac{1}{n} \log E_{\theta_1}^n (1 - \varphi_n)$$

sont appelées log-niveau et log-erreur en θ_1 de la suite φ_n.

On notera $\Phi_\alpha(\Theta_0)$ l'ensemble des suites de tests de log-niveau supérieur à α et

$$B(\alpha, \theta_1, \Theta_0) = \sup_{\varphi_n \in \Phi_\alpha(\Theta_0)} \beta(\theta_1).$$

Une suite de tests sera dite logarithmiquement asymptotiquement optimale en θ_1 (LAO) si sa log-erreur atteint $B(\alpha, \theta_1, \Theta_0)$.

Remarque. D'après ce qui précède on a :

$$B(\alpha, \theta_1, \Theta_0) = \sup_{\theta \in \Theta_0} K\big(F(\theta_0, \theta_1, \alpha), \theta_1\big)$$

où $F(\theta_0, \theta_1, \alpha)$ est le point de l'arc d'Hellinger joignant θ_1 à θ_0 tel que $K(F(\theta_0, \theta_1, \alpha), \theta_0) = \alpha$.

Proposition. *Si Θ_0 est fini et Θ_1 dénombrable (soit $(\theta_1, \ldots, \theta_n, \ldots)$ une énumération de Θ_1), si p_n est une suite d'entiers telle que $\frac{\log p_n}{n} \to 0$ alors la suite de tests Φ_n de région de rejet ;*

$$\bigcap_{\theta_0 \in \Theta_0} \bigcup_{1 \leq j \leq p_n} \left\{ \sum_{i=1}^n \frac{1}{n} \log \frac{p(X_i, \theta_j)}{p(X_i, \theta_0)} > c_j(\theta_0) \right\}$$

est LAO si $c_j(\theta_0)$ vérifie

$$\alpha = -\lim_{n \to \infty} \frac{1}{n} \log P_{\theta_0}^n \left\{ \frac{1}{n} \sum_{i=1}^n \log \frac{p(X_i, \theta_j)}{p(X_i, \theta_0)} > c_j(\theta_0) \right\}.$$

pour tout $j \geq 1$ et tout $\theta_0 \in \Theta_0$.

Démonstration. On vérifie d'abord que Φ_n est bien de log-niveau α. Pour $\theta_0 \in \Theta_0$:

$$\frac{1}{n} \log P_{\theta_0}^n(\Phi_n = 1)$$

$$\leq \frac{1}{n} \log P_{\theta_0}^n \left(\bigcup_{j \leq p_n} \left\{ \sum_{i=1}^n \frac{1}{n} \log \frac{p(X_i, \theta_j)}{p(X_i, \theta_0)} > c_j(\theta_0) \right\} \right)$$

$$\leq \frac{1}{n} \log \sum_{j=1}^{p_n} P_{\theta_0}^n \left(\sum_{i=1}^n \frac{1}{n} \log \frac{p(X_i, \theta_j)}{p(X_i, \theta_0)} > c_j(\theta_0) \right)$$

$$\leq \frac{1}{n} \log p_n + \sup_{1 \leq j \leq p_n} \frac{1}{n} \log P_{\theta_0}^n \left(\sum_{i=1}^n \frac{1}{n} \log \frac{p(X_i, \theta_j)}{p(X_i, \theta_0)} > c_j(\theta_0) \right)$$

Par ailleurs, pour $j \geq 1$:

$$\frac{1}{n} \log P_{\theta_j}^n \left(\bigcup_{\theta_0 \in \Theta_0} \bigcap_{j' \leq p_n} \sum_{i=1}^n \frac{1}{n} \log \frac{p(X_i, \theta_{j'})}{p(X_i, \theta_0)} \leq c_{j'}(\theta_0) \right)$$

$$\leq \frac{1}{n} \log P_{\theta_j}^n \left(\bigcup_{\theta_0 \in \Theta_0} \left\{ \sum_{i=1}^n \frac{1}{n} \log \frac{p(X_i, \theta_j)}{p(X_i, \theta_0)} \leq c_j(\theta_0) \right\} \right)$$

$$\leq \frac{1}{n} \log \operatorname{card} \Theta_0 + \sup_{\theta_0 \in \Theta_0} \frac{1}{n} \log P_{\theta_j}^n \left(\sum_{i=1}^n \frac{1}{n} \log \frac{p(X_i, \theta_j)}{p(X_i, \theta_0)} \leq c_j(\theta_0) \right)$$

$$\leq \varepsilon + B(\alpha, \theta_j, \Theta_0)$$

pour n suffisamment grand.   Q.E.D.

Il est important de remarquer que ϕ_n est quasiment un test de rapport de vraisemblance.

A ce niveau, il est assez intuitif que ce même résultat peut s'étendre à Θ_0 compact et Θ_1 séparable (pour la topologie de la convergence étroite). Ceci permet de construire une théorie de la comparaison des tests sur leurs log-niveau et log-erreur (cf. Birgé, 1980). On peut aussi, à l'aide du théorème 2, en utilisant une normalisation du type $u_n\sqrt{n}$ au lieu de n, comparer les tests (comparaison de Bahadur (1960)). Cela permet de comparer des vitesses de convergence vers 0 moins rapides. Comme on l'a vu sur le théorème 2, les résultats de moyennes déviations ne conservent en mémoire que les deux premiers moments de la loi. On pourra donc, comme on l'a fait ici obtenir l'optimalité du test du rapport de vraisemblance dans des conditions un peu plus générales.

Compléments de cours et exercices (4)

4.3 Transformée de Laplace

Soit $X = (X_1, \ldots, X_k)$ un vecteur aléatoire défini sur $(\Omega, \mathcal{A}, P)$ à valeurs dans $\mathbf{R}^k$. La transformée de Laplace de (la loi de) X est la fonction définie sur $\mathbf{R}^k$ par :

$$\lambda = (\lambda_1, \ldots, \lambda_k) \rightarrow L(\lambda) = E\left(\exp < \lambda, X >\right)$$

où $< \lambda, X >= \sum_{i=1}^{k} \lambda_i X_i$.
   Soit

$$J = \left\{\lambda \in \mathbf{R}^k \; ; \; L(\lambda) < +\infty\right\}.$$

4.3.1 Propriétés de la transformée de Laplace

Proposition. *i) J est convexe et $L(\lambda)$ est convexe sur J.*

   ii) L est indéfiniment dérivable sur $\overset{\circ}{J}$ et pour $(n_1, \ldots, n_k) \in \mathbf{N}^k$, $n_1 + \cdots + n_k = n$,

$$\frac{\partial^n L}{\partial \lambda_1^{n_1} \ldots \partial \lambda_k^{n_k}} = E\left(X_1^{n_1} \ldots X_k^{n_k} e^{<\lambda, X>}\right).$$

   iii) Lorsque $\overset{\circ}{J} \neq \emptyset$, la fonction L caractérise la loi de probabilité de X.

Démonstration. i) provient de la convexité de la fonction exponentielle.

   ii) Prenons $k = 1$ pour simplifier et $\overset{\circ}{J} \neq \emptyset$. Soit λ_0, $r > 0$ tel que $[\lambda_0 - 2r, \lambda_0 + 2r] \subset \overset{\circ}{J}$. On a :

$$X e^{\lambda X} = e^{\lambda_0 X} \frac{X}{e^{rX}} e^{(\lambda - \lambda_0 + r)X} = e^{\lambda_0 X} \frac{X e^{(\lambda - \lambda_0 - r)X}}{e^{-rX}}.$$

Choisissons $A > 0$ tel que : $x > A \Rightarrow \frac{x}{e^{rx}} \leq 1$ et $x < -A \Rightarrow \frac{|x|}{e^{-rx}} \leq 1$. On obtient, pour $|\lambda - \lambda_0| \leq r$:

$$|X e^{\lambda X}| \leq A\left(e^{(\lambda_0 + r)X} + e^{(\lambda_0 - r)X}\right) + e^{(\lambda_0 + 2r)X} + e^{(\lambda_0 - 2r)X}.$$

On en déduit, d'après le théorème de dérivation sous l'intégrale que L est dérivable en λ_0 et que $L'(\lambda_0) = E(X e^{\lambda_0 X})$.

   iii) Cf., par exemple, Dacunha-Castelle et Duflo, 1982.

Conséquence. 1) Si $0 \in \overset{\circ}{J}$, pour tout $(n_1, \ldots, n_k) \in \mathbf{N}^k$,

$$E|X_1^{n_1} \ldots X_k^{n_k}| < \infty \quad \text{et} \quad E(X_1^{n_1} \ldots X_k^{n_k}) = \frac{\partial^n L}{\partial \lambda_1^{n_1} \ldots \partial \lambda_k^{n_k}}(0).$$

2) Si $k = 1$, J est *un intervalle* dont les extrémités sont :

$$\lambda^- = \inf\{\lambda \in \mathbf{R} \,;\, L(\lambda) < \infty\} \quad , \quad \lambda^+ = \sup\{\lambda \in \mathbf{R} \,;\, L(\lambda) < \infty\}.$$

4.3.2 Logarithme de la transformée de Laplace

Soit $l(\lambda) = \log L(\lambda)$, $\lambda \in J$.

Proposition. La fonction l est convexe sur J.

Démonstration. Soient $\lambda_1, \lambda_2 \in J$, $t \in (0,1)$, $\lambda = t\lambda_1 + (1-t)\lambda_2$. Rappelons l'inégalité de Hölder : si U, V sont deux v.a. positives, $p, q > 0$ vérifient $\frac{1}{p} + \frac{1}{q} = 1$, alors

$$E\,U\,V \leq \left[EU^p\right]^{1/p} \left[EV^q\right]^{1/q}.$$

Si l'on applique cette inégalité à

$$U = \exp t < \lambda_1, X > \quad , \quad V = \exp(1-t) < \lambda_2, X >$$

$p = \frac{1}{t}$, $q = \frac{1}{1-t}$, on obtient :

$$L(\lambda) \leq L(\lambda_1)^t L(\lambda_2)^{1-t},$$

d'où le résultat. $\square$

Remarques. (a) En particulier, l est indéfiniment différentiable sur $\overset{\circ}{J}$. Si $k = 1$, $0 \in \overset{\circ}{J}$, on a :

$$l'(0) = E(X) = \frac{L'(0)}{L(0)},$$

$$l''(0) = \text{Var } X = \frac{L''(0)}{L(0)} - \left(\frac{L'(0)}{L(0)}\right)^2.$$

(b) On peut vérifier que l est *strictement convexe sauf si X est constante* p.s..

Exemples. 1) Loi de Bernoulli : $P(X = 1) = p$, $P(X = 0) = 1 - p$, $0 < p < 1$, $L(\lambda) = pe^\lambda + 1 - p$.

2) Loi binomiale $B(n,p)$: $P(X = k) = C_n^k p^k (1-p)^{n-k}$, $k = 0, 1, \ldots, n$, $0 < p < 1$, $L(\lambda) = (pe^\lambda + 1 - p)^n$.

3) Loi de Poisson $P(\theta)$: $P(X = k) = e^{-\theta}\frac{\theta^k}{k!}$, $k \in \mathbf{N}$, $\theta > 0$, $L(\lambda) = \exp\theta(e^\lambda - 1)$.

4) Loi exponentielle $\text{Exp}(\theta)$, de densité

$$f(x,\theta) = \theta\,e^{-\theta x}\,1_{x \geq 0} \quad , \quad L(\lambda) = \frac{\theta}{\theta - \lambda},$$

$J =]-\infty, \theta[$.

5) Loi gamma $G(a, \theta)$, de densité

$$f(x, \theta) \; = \; \frac{\theta^a}{\Gamma(a)} \, x^{a-1} \, e^{-\theta x} \, 1_{x \geq 0} \quad , \quad L(\lambda) \; = \; \left(\frac{\theta}{\theta - \lambda} \right)^a ,$$

$J =] - \infty, \theta[$.

6) Loi gaussienne $N(0, 1)$, $L(\lambda) = \exp \frac{\lambda^2}{2}$.

7) Loi de Cauchy de densité $\frac{1}{\pi(1+x^2)}$, $L(\lambda) = +\infty$ sauf si $\lambda = 0$.

Cas du modèle exponentiel général.
Soit X une observation de loi :

$$P_\theta(dx) \; = \; \exp \left[< \theta, T(x) > -\phi(\theta) \right] P(dx)$$

où P_θ et P sont des probabilités sur $(\mathcal{X}, \mathcal{B})$, $\theta \in \mathbf{R}^k$, $T : (\mathcal{X}, \mathcal{B}) \to (\mathbf{R}^k, \mathcal{B}(\mathbf{R}^k))$ est une v.a.. Soit

$$\Theta \; = \; \left\{ \theta \in \mathbf{R}^k \; ; \; \int \exp < \theta, T(x) > P(dx) < +\infty \right\} .$$

Alors $\phi(\theta) \; = \; \log \int_{\mathcal{X}} \exp \; < \theta, T(x) > \; P(dx)$ est la "log-transformée de Laplace" de la loi de probabilité de T sous P. D'où les propriétés de Θ et ϕ : Θ convexe et ϕ convexe, indéfiniment dérivable sur $\overset{\circ}{\Theta}$.

4.4 Transformée de Cramér

Nous ne considérons désormais que des v.a. réelles. Soit X une v.a. réelle, $L(\lambda) = E[e^{\lambda X}]$, $J = \{\lambda \in \mathbf{R} \; ; \; L(\lambda) < +\infty\}$, $\lambda^+ = \sup\{\lambda \, ; \, L(\lambda) < +\infty\}$, $\lambda^- = \inf\{\lambda \, ; \, L(\lambda) < +\infty\}$. On suppose

$$\lambda^- \; < \; 0 \; < \; \lambda^+ \qquad (0 \in \overset{\circ}{J}) \, .$$

Soit $m = EX$, $l(\lambda) = \log L(\lambda)$. On définit la transformée de Cramér de (la loi de probabilité de) X par :

$$h(a) \; = \; \sup_{\lambda \in \mathbf{R}} \{a\lambda - l(\lambda)\} \, .$$

Les propriétés de h ont été énoncées dans le cours principal, chapitre 4. Rappelons que l' est strictement croissante (sauf si $X = $ cste p.s.) sur $]\lambda^-, \lambda^+[$, si

$$a^- \; = \; \lim_{\lambda \searrow \lambda^-} l'(\lambda) \quad , \quad a^+ \; = \; \lim_{\lambda \nearrow \lambda^+} l'(\lambda) \, ,$$

pour $a \in]a^-, a^+[$,

$$h(a) \; = \; a\lambda(a) - l(\lambda(a)) \; = \; \int_m^a \lambda(u) \, du$$

où $\lambda(a) = h'(a) = (l')^{-1}(a)$, $(\lambda(m) = 0)$.

Exemples.

(1). X suit la loi $N(m, \sigma^2)$:

$$l(\lambda) = \lambda m + \frac{\lambda^2}{2}\sigma^2 \quad , \quad l'(\lambda) = m + \lambda\sigma^2 \quad , \quad \lambda^- = -\infty \quad , \quad \lambda^+ = +\infty \, ,$$

$$a^- = -\infty \quad , \quad a^+ = +\infty \quad ; \quad \lambda(a) = \frac{a-m}{\sigma^2} \quad , \quad h(a) = \frac{(a-m)^2}{2\sigma^2} \, .$$

(2). X suit la loi $\text{Exp}(\theta)$:

$$l(\lambda) = \log\left(\frac{\theta}{\theta - \lambda}\right) \quad , \quad l'(\lambda) = \frac{1}{\theta - \lambda} \quad , \quad \lambda^- = -\infty \, ,$$

$$\lambda^+ = \theta \quad , \quad a^- = 0 \quad , \quad a^+ = +\infty \quad ; \quad \lambda(a) = \theta - \frac{1}{a} \quad ,$$

$$h(a) = \theta a - 1 - \log a\theta \quad , \quad a > 0 \, .$$

(3). X suit la loi $\mathcal{X}^2(1)$:

$$l(\lambda) = -\frac{1}{2}\log(1 - 2\lambda) \quad , \quad l'(\lambda) = \frac{1}{1 - 2\lambda} \quad , \quad \lambda^- = -\infty \, ,$$

$$\lambda^+ = \frac{1}{2} \quad , \quad a^- = 0 \quad , \quad a^+ ; +\infty \quad ; \quad \lambda(a) = \frac{1}{2} - \frac{1}{2a} \, ,$$

$$h(a) = \frac{1}{2}(a - 1 - \log a) \, .$$

4 5 Exercices

(1). Soit $X_1, \ldots, X_n$ un n-échantillon de loi $\text{Exp}(\theta)$ (densité $f(x, \theta) = \theta e^{-\theta x} 1_{x \geq 0}$). Ecrire le test de Neyman-Pearson de θ_0 contre θ_1, $\theta_0 > \theta_1$ donnés. Calculer un équivalent asymptotique du logarithme des erreurs de première et deuxième espèce de ce test.

$$\left(\; \alpha_n(a) = P_{\theta_0}(\overline{X} > a) \quad , \quad \beta_n(a) = P_{\theta_1}(\overline{X} < a) \right.$$

$$\log \alpha_n(a) \sim -n \, h_{\theta_0}(a) \qquad \text{si} \quad a > \frac{1}{\theta_0}$$

$$\log \beta_n(a) \sim -n \, h_{\theta_1}(a) \qquad \text{si} \quad a < \frac{1}{\theta_1}$$

$$h_\theta(a) = a\theta - 1 - \log a\theta \; \Big) \, .$$

(2). $X_1, \ldots, X_n$ un n-échantillon de loi $N(m, \sigma^2)$.

a) $m = 0$, test de Neyman-Pearson de σ_0^2 contre σ_1^2, équivalent du logarithme des deux erreurs de ce test.

b) m inconnu, étudier les erreurs du test de $\sigma^2 \leq 1$ contre $\sigma^2 > 1$ basé sur $S^2 = \sum_{i=1}^n (X_i - \overline{X})^2$.

5 Convergence de la suite des processus de vraisemblance dans un modèle régulier

Nous allons nous placer dans le cadre d'un modèle régulier et étudier la convergence étroite de la suite des processus de vraisemblance.

Nous avons vu que cette suite est importante dans les chapitres précédents. Le but de ce chapitre est de l'étudier assez précisément. En particulier, nous souhaitons mettre en évidence la différence entre la convergence au sens des marginales finies ("normalité asymptotique locale" ou "local asymptotic normality") et la convergence dans des espaces de fonctions continues. Dans ce contexte, nous consacrons une première partie (brève) aux mesures cylindriques. Cette partie prépare la convergence au sens des marginales finies que l'on détaille ensuite dans le cas particulier du n échantillon régulier (5.2). Le fait qu'une mesure cylindrique ne soit pas nécessairement une mesure de probabilité prépare le lecteur à la nécessité d'une analyse plus difficile et en particulier à des conditions plus restrictives pour obtenir la convergence sur un espace de fonctions continues. Néanmoins cette convergence présente l'avantage d'entraîner dans son sillage la convergence de certaines suites d'estimateurs, comme par exemple la suite d'estimateurs du maximum de vraisemblance.

Dans une troisième partie, nous présentons donc des hypothèses qu'il convient d'ajouter à la "normalité asymptotique locale" pour obtenir une convergence plus générale dans les espaces $\mathcal{C}(\mathbf{R}^k; \mathbf{R})$, $\mathcal{C}_0(\mathbf{R}^k, \mathbf{R})$. Ces hypothèses sont présentées, cette fois, dans un cadre général de modèles permettant d'inclure non seulement le cas du n échantillon régulier, mais aussi des modèles de régression, de diffusion ou de processus plus généraux.

Ce chapitre reprend essentiellement les résultats de Ibragimov et Has'minskii (1972, 1981). Il s'inspire également de l'analyse qui en a été faite dans Dacunha-Castelle (1977).

5.1 Mesures cylindriques

On pourra, sur ce sujet, se référer à Badrikian (1970), Kuo (1975), Millar (1983).

Soit B un espace de Banach séparable B^* son dual c'est-à-dire l'ensemble de toutes les applications linéaires continues de B à valeurs dans $\mathbf{R}$. Notons, $<,>$ la relation de dualité B, B^* :

$$< x, m > = m(x) \quad , \quad x \in B , \ m \in B^* .$$

Définition 1. *On appelle ensemble cylindrique de B, basé sur $m_1, \ldots, m_k$ de B^*, tout ensemble de la forme*

$$\big\{ x \in B \ : \ (< x, m_1 >, \ldots, < x, m_k >) \in A \big\}$$

où A est un Borélien de $\mathbf{R}^k$.
   On appelle fonction cylindrique une fonction de B dans $\mathbf{R}$ de la forme

$$x \ \rightarrow \ f\big((< x, m_1 >, \ldots, < x, m_k >)\big)$$

où f est une fonction borélienne de $\mathbf{R}^k$ dans $\mathbf{R}$.

On notera $\mathcal{C}_{m_1, \ldots, m_k}$ la σ-algèbre des ensembles cylindriques basés sur $(m_1, \ldots, m_k)$. Soit $\mathcal{C}_0 = \bigcup_{k \geq 1} \bigcup_{m_1, \ldots, m_k} \mathcal{C}_{m_1, \ldots, m_k}$ l'algèbre de tous les ensembles cylindriques ($\mathcal{C}_0$ n'est pas une σ-algèbre). Notons $\mathcal{C}$ la σ-algèbre engendrée par $\mathcal{C}_0$.

Définition 2.   *On appelle mesure cylindrique sur B, une fonction $\mu : \mathcal{C}_0 \rightarrow \mathbf{R}^+$, qui est additive sur $\mathcal{C}_0$ et σ-additive sur chaque $\mathcal{C}_{m_1, \ldots, m_k}$.*

Nous donnerons des exemples de mesures cylindriques à la fin de ce paragraphe. Ce qu'il est important de souligner ici, c'est que, en général, μ ne se prolonge pas en une mesure sur $\mathcal{C}$. Toutefois, certaines opérations sont possibles avec une mesure cylindrique.
   La première est :

a) L'intégration de fonctions cylindriques.

Si μ est une mesure cylindrique sur B, et f une fonction cylindrique bornée, $\int f(x) \, d\mu(x)$ a un sens puisque μ restreinte à $\mathcal{C}_{m_1, \ldots, m_k}$ est une vraie mesure.
   Ceci nous conduit à la seconde opération :

b) Fonction caractéristique.

Définition 3. *Si μ est une mesure cylindrique sur B, on définit la fonction caractéristique de μ par*

$$\Phi : B^* \ \rightarrow \ \mathbf{C} : m \in B^* \ \rightarrow \ \Phi(m) = \int \exp \{ i < x, m > \} \, \mu(dx) .$$

La proposition suivante est très utile. Nous référons aux ouvrages cités plus haut pour sa démonstration (naturelle).

Proposition 1. *Si μ_1 et μ_2 sont deux mesures cylindriques sur B de fonctions caractéristiques Φ_1 et Φ_2, $\Phi_1 = \Phi_2$ entraîne $\mu_1 = \mu_2$.*

Exemples.
1) Mesures cylindriques sur $C([0,1];\mathbf{R})$.
Soit $\{X_t, 0 \leq t \leq 1\}$ un processus réel tel que $EX_t = 0$ et pour tout $0 \leq t_1 < t_2 < \cdots < t_n \leq 1$, le vecteur $(X_{t_1}, \ldots, X_{t_k})$ est gaussien.
    Soit $R(s,t) = E\, X_t\, X_s$.
    Si on suppose R bornée sur $[0,1]^2$, on peut construire à partir de X_t une mesure cylindrique sur $C([0,1];\mathbf{R})$ l'ensemble des fonctions réelles continues sur $[0,1]$ muni de la norme uniforme.
    Pour cela, en utilisant la proposition 1, il suffit de pouvoir définir de façon compatible (cf. critère de Kolmogorov, chapitre 1) la distribution de la variable aléatoire définie sur B : Y

$$x \xrightarrow{\;Y\;} (<x, m_1>, \ldots, <x, m_k>)$$

où $m_1, \ldots, m_k$ appartiennent à $B^* = \{$mesures signées finies sur $[0,1]\}$ et

$$<x, m> = \int_0^1 x(t)\, m(dt) \quad, \quad x \in B\, , \ m \in B^*\, .$$

Il est pour cela naturel d'assigner à cette variable Y la loi normale centrée, de matrice de covariance

$$\left(\iint R(s,t)\, dm_i(s)\, dm_j(t) \right)_{\substack{1 \leq i \leq k \\ 1 \leq j \leq k}} \quad .$$

On montre facilement que cela définit une mesure cylindrique sur B qui ne s'étend pas nécessairement à une vraie mesure. (Ceci est évidemment lié au fait qu'un processus gaussien n'a pas en toute généralité des trajectoires continues).
    La fonction caractéristique d'une telle mesure est :

$$\Phi(m) = \exp\left\{ -\frac{1}{2} \iint R(s,t)\, dm(s)\, dm(t) \right\} \, .$$

2) Mesure cylindrique associée à un espace de Wiener abstrait.
Soit H un Hilbert séparable, notons $<, >_H$ le produit scalaire de H et $\|\ \|_H$ la norme associée.

Soit Q la mesure cylindrique sur H (appelée "canonique") définie par sa fonction caractéristique :

$$\Phi(h) \;=\; \exp -\frac{1}{2}\|h\|_H^2 \quad,\quad h \in H^* = H \;.$$

(On peut montrer qu'une telle mesure cylindrique existe). Si $h_1,\ldots,h_k \in H$ on voit facilement que, pour $(t_1,\ldots,t_k) = t$,

$$\psi(t) \;=\; \int \exp\left\{ i \sum_{j=1}^{k} t_j < h_j, x >_H \right\} Q(dx)$$

$$= \exp\left\{ -\frac{1}{2}\Big\|\sum_{i=1}^{k} t_i h_i\Big\|_H^2 \right\} \;=\; \exp -\frac{1}{2} < t, \Gamma t >$$

où Γ est la matrice $\big(< h_i, h_j >_H \big)_{\substack{0 \le i \le k \\ 0 \le j \le k}}$.

Ceci signifie donc que sous Q, le vecteur $(< h_1, x >_H, \ldots, < h_k, x >_H)$ est gaussien centré de matrice de covariance Γ.

En particulier si $e_1, \ldots e_k$ sont des éléments orthonormaux de H, les $< e_i, x >$ sont i.i.d. $N(0,1)$. Ceci permet de montrer que Q n'est pas σ-additive dès que H est de dimension infinie. Pour cela il suffit de prendre une base $\{e_i \,, 1 \le i \le +\infty\}$ orthonormale de H. D'où :

$$\|x\|_H^2 \;=\; \sum_{i=1}^{+\infty} < x, e_i >_H^2 \;.$$

Mais si Q est une vraie mesure, en appliquant la loi des grands nombres ($< e_i, x >$ i.i.d. $N(0,1)$) on a $Q(\sum_{i=1}^{+\infty} < x, e_i >_H^2 = +\infty) = 1$. Ceci est en contradiction avec le fait que $Q(H) = 1$ et $\|x\|_H < +\infty$ si $x \in H$.

Définition 4. *On dit qu'une suite de mesures μ_n cylindriques sur B converge vers une mesure cylindrique μ si pour toute fonction réelle continue bornée définie sur B, cylindrique :*

$$\int f(y)\, d\mu_n(y) \;\rightarrow\; \int f(y)\, d\mu(y) \;.$$

Si on reprend comme exemple $B = C([0,1];\mathbf{R})$ l'ensemble des applications coordonnées $\Pi_a : a \in [0,1]$, $x \in C([0,1];\mathbf{R}) \overset{\Pi_a}{\rightarrow} x(a)$ est inclus dans B^*.

La convergence au sens défini ci-dessus entraîne donc la convergence au sens des marginales finies. Il est donc naturel que ce dernier type de convergence n'assure même pas que la limite soit une vraie mesure sur B (même si les μ_n étaient des vraies mesures).

Nous insistons donc une nouvelle fois sur l'aspect très "faible" de ce dernier type de convergence. On l'obtiendra donc sous des hypothèses assez faibles sur le modèle. Toutefois pour obtenir la convergence d'estimateurs par exemple, il sera nécessaire d'introduire des notions de convergence plus fortes et donc des hypothèses plus restrictives sur le modèle.

5.2 Convergence au sens des marginales finies du processus de vraisemblance dans le cadre d'observations i.i.d.

Soit l'observation $(X_1, \ldots, X_n)$ d'un n-échantillon de la loi P_θ sur $(\mathcal{X}, \mathcal{B})$, $\theta \in \Theta$. On suppose que Θ est un ouvert non vide de $\mathbf{R}^k$ et que le modèle $(\mathcal{X}, \mathcal{B}, P_\theta)_{\theta \in \Theta}$ est dominé par une mesure ν. Posons

$$p(x, \theta) = \frac{dP_\theta}{d\nu}(x).$$

Considérons les conditions suivantes :

A1 : $p(x, \theta)$ est mesurable en $(x, \theta) \in \mathcal{X} \times \Theta$.

A2 : pour ν-presque tout x,

$$\theta \to (p(x, \theta))^{1/2} \quad \text{est absolument continue}$$

B1 :

$$I(\theta)_{ij} = 4 E_\theta \left(\frac{1}{p(X, \theta)} \frac{\partial}{\partial \theta_i} (p(X, \theta))^{1/2} \frac{\partial}{\partial \theta_j} (p(X, \theta))^{1/2} \right)$$
$$< +\infty \quad \text{pour} \quad 1 \le i, j \le k$$

$I(\theta) = \big(I(\theta)_{ij} \big)_{1 \le i, j \le k}$ est non dégénérée pour tout $\theta \in \Theta$.

B2 : $\theta \to I(\theta)$ est continue sur Θ.

B3 : Pour $\varepsilon, \delta > 0$, soit

$$A_{\varepsilon \delta}(\theta) = \left\{ x \in \mathcal{X} \,,\, \left| \log \frac{p(x, \theta + \varepsilon)}{p(x, \theta)} \right| > \delta \right\}$$

$\forall \, \theta_0, \theta \in \Theta$,

$$\sup_{|\theta - \theta_0| \le \varepsilon} P_{\theta_0}\big(A_{\varepsilon \delta}(\theta) \big) = o(\varepsilon^2).$$

Ces conditions ont déjà été énoncées au chapitre 2. Soit $(\Omega_n, \mathcal{A}_n, P_\theta^n) = (\mathcal{X}^n, \mathcal{B}^{\otimes n}, P_\theta^{\otimes n})$ le modèle statistique canonique associé à l'observation d'un n-échantillon de loi P_θ, $X_1, \ldots, X_n$ les coordonnées canoniques de Ω_n.

Fixons $\theta_0 \in \Theta$ et soit $U_n(\theta_0) = U_n = \{u \in \mathbf{R}^k \; ; \; \theta_0 + \frac{u}{\sqrt{n}} \in \Theta\}$. Pour $u \in U_n$, on définit :

$$Z_{n,\theta_0}(u) = Z_n(u) = \prod_{i=1}^{n} \frac{p\left(X_i, \theta_0 + \frac{u}{\sqrt{n}}\right)}{p(X_i, \theta_0)}$$

$$= \frac{dP_{\theta_0 + \frac{u}{\sqrt{n}}}^n}{dP_{\theta_0}^n}(X_1, \ldots, X_n) .$$

Soit ξ une v.a. de loi $N_k(0, I(\theta_0))$. Posons, pour $u \in \mathbf{R}^k$,

$$Z(u) = \exp\left\{<u, \xi> - \frac{1}{2}<u, I(\theta_0)u>\right\}$$

où $<,>$ désigne le produit scalaire usuel de $\mathbf{R}^k$.

Théorème. *On suppose vérifiées les conditions A1-A2, B1-B2-B3. Pour tout $p \geq 1$, pour tous $u_1, \ldots, u_p \in U_n$,*

$$(Z_n(u_1), \ldots, Z_n(u_p)) \xrightarrow[n \to +\infty]{\mathcal{L}} (Z(u_1), \ldots, Z(u_p))$$

sous $P_{\theta_0}^n$.

Autrement dit, $(Z_n(u))$ converge en loi, au sens des marginales finies, vers $(Z(u))$ (cf. chapitre 3).

Remarque. La convergence en loi ci-dessus est donc une convergence de mesures cylindriques. Au paragraphe suivant, nous préciserons sous quelles hypothèses et dans quel espace fonctionnel, on peut obtenir une convergence en loi fonctionnelle pour $(Z_n(u))$.

Démonstration du Théorème. Pour simplifier l'exposition, nous faisons la démonstration dans le cas où $\Theta \subset \mathbf{R}$ et pour les marginales finies d'ordre 1 ($p = 1$), l'extension au cas général ne présentant pas de difficultés réelles.

Considérons, pour $u \in U_n$,

$$Y_{ni} = \log\left(p\left(X_i, \theta_0 + \frac{u}{\sqrt{n}}\right)/p(X_i, \theta_0)\right) .$$

Il s'agit de montrer que, sous $P_{\theta_0}^n$, $\log Z_n(u) = S_n = \sum_{i=1}^n Y_{ni}$ converge en loi vers

$$N\left(-\frac{1}{2}<u, I(\theta_0)u>, <u, I(\theta_0)u>\right) .$$

D'après un théorème de la limite centrale pour les tableaux triangulaires (cf. par exemple Dacunha-Castelle et Duflo, 1983, p. 80-81), cette convergence en loi est assurée dès que les trois conditions suivantes sont vérifiées :
Soit $Y_{ni}^\delta = Y_{ni} \, \mathbf{1}_{|Y_{ni}| \leq \delta}$

$$\sum_{i=1}^{n} P_{\theta_0}^n (Y_{ni} \neq Y_{ni}^\delta) = o(1) \quad , \quad \forall \, \delta > 0 \, . \tag{1}$$

$$\sum_{i=1}^{n} E_{\theta_0}^n \, Y_{ni}^\delta = -\frac{u^2}{2} I(\theta_0) + 0(\delta u^2) + o(1) \quad , \quad \forall \, \delta > 0 \, . \tag{2}$$

$$\sum_{i=1}^{n} \mathrm{Var}_{\theta_0} \, Y_{ni}^\delta = u^2 I(\theta_0) + 0(\delta u^2) + o(1) \quad , \quad \forall \, \delta > 0 \, . \tag{3}$$

Les o et 0 s'entendent ici lorsque $n \to +\infty$.

Vérifions les conditions (1)-(2)-(3).

La condition (1) résulte directement de l'hypothèse B3. Pour obtenir les conditions (2) et (3), évaluons la distance de Hellinger entre P_θ et $P_{\theta+\epsilon}$.

Lemme.
$$\lim_{\epsilon \to 0} \frac{1}{\epsilon^2} h^2(P_\theta, P_{\theta+\epsilon}) = \frac{1}{4} I(\theta)$$
où
$$h^2((P_\theta, P_{\theta+\epsilon}) = \int_{\mathcal{X}} \left(\sqrt{p(x,\theta)} - \sqrt{p(x, \theta + \epsilon)} \right)^2 d\nu(x) \, .$$

Démonstration du lemme. D'après le lemme de Fatou,

$$\varliminf_{\epsilon \to 0} \frac{1}{\epsilon^2} h^2((P_\theta, P_{\theta+\epsilon}) \geq \int \varliminf_{\epsilon \to 0} \left(\frac{\sqrt{p(x,\theta)} - \sqrt{p(x, \theta + \epsilon)}}{\epsilon} \right)^2 d\nu(x)$$
$$= \frac{1}{4} I(\theta) \, .$$

Par ailleurs, l'hypothèse A2 entraîne :

$$h^2(P_\theta, P_{\theta+\epsilon}) \leq \int \left(\int_\theta^{\theta+\epsilon} \frac{\partial}{\partial u} \sqrt{p(x,u)} \, du \right)^2 d\nu(x)$$
$$\leq \epsilon \int d\nu(x) \int_\theta^{\theta+\epsilon} \left(\frac{\partial}{\partial u} \sqrt{p(x,u)} \right)^2 du$$
$$= \frac{\epsilon}{4} \int_\theta^{\theta+\epsilon} I(u) \, du \, .$$

D'après B2, on en déduit : $\overline{\lim}_{\varepsilon \to 0} \frac{1}{\varepsilon^2} h^2(P_\theta, P_{\theta+\varepsilon}) \le \frac{1}{4} I(\theta)$. Le lemme est démontré. $\square$

Revenons à la démonstration du théorème, c'est-à-dire des conditions (2)-(3).

Posons $A_{\varepsilon\delta}(\theta_0) = A_{\varepsilon\delta}$. Pour $x \in A_{\varepsilon\delta}^c$, on a :

$$\begin{cases} \log \dfrac{p(x,\theta_0+\varepsilon)}{p(x,\theta_0)} = 2\log\left(1 + \dfrac{\sqrt{p(x,\theta_0+\varepsilon)} - \sqrt{p(x,\theta_0)}}{\sqrt{p(x,\theta_0)}}\right) \\[3mm] \qquad = 2\gamma(x,\theta_0,\varepsilon) - \gamma^2(x,\theta_0,\varepsilon) + c(x)\,\gamma^3(x,\theta_0,\varepsilon) \end{cases} \tag{4}$$

avec

$$\gamma(x,\theta_0,\varepsilon) = \frac{\sqrt{p(x,\theta_0+\varepsilon)} - \sqrt{p(x,\theta_0)}}{\sqrt{p(x,\theta_0)}}$$

et

$$|c(x)| \le \sup_{e^{-\frac{\delta}{2}}-1 \le u \le e^{\frac{\delta}{2}}-1} 2\frac{|\log(1+u) - u + \frac{u^2}{2}|}{\frac{u^3}{3}} = K \ .$$

Considérons :

$$\int_{A_{\varepsilon\delta}^c} \log \frac{p(x,\theta_0+\varepsilon)}{p(x,\theta_0)}\, p(x,\theta_0)\, d\nu(x) = I_1 + I_2 + I_3$$

où I_1, I_2, I_3 sont les intégrales respectives des trois termes de la somme (4).

$$\begin{aligned} I_1 &= 2\int_{A_{\varepsilon\delta}^c} \left(\sqrt{p(x,\theta_0+\varepsilon)} - \sqrt{p(x,\theta_0)}\right)\sqrt{p(x,\theta_0)}\, d\nu(x) \\ &= 2\int_{A_{\varepsilon\delta}^c} \sqrt{p(x,\theta_0+\varepsilon)\,p(x,\theta_0)}\, d\nu(x) - 2\,P_{\theta_0}(A_{\varepsilon\delta}^c) \\ &= 2 - h^2(P_{\theta_0+\varepsilon}, P_{\theta_0}) - 2 + o(\varepsilon^2) \\ &= -\frac{\varepsilon^2}{4}\, I(\theta_0) + o(\varepsilon^2) \end{aligned}$$

en utilisant B3 et le lemme.

$$\begin{aligned} I_2 &= -\int_{A_{\varepsilon\delta}^c} \left(\sqrt{p(x,\theta_0+\varepsilon)} - \sqrt{p(x,\theta_0)}\right)^2 d\nu(x) \\ &= -h^2(P_{\theta_0+\varepsilon}, P_{\theta_0}) + \int_{A_{\varepsilon\delta}} \left(\sqrt{p(x,\theta_0+\varepsilon)} - \sqrt{p(x,\theta_0)}\right)^2 d\nu(x) \end{aligned}$$

Or

$$\int_{A_{\varepsilon\delta}} \left(\sqrt{p(x,\theta_0+\varepsilon)} - \sqrt{p(x,\theta_0)}\right)^2 d\nu(x)$$
$$\le 2\left(P_{\theta_0+\varepsilon}(A_{\varepsilon\delta}) + P_{\theta_0}(A_{\varepsilon\delta})\right)$$

D'où, en utilisant B3 et le lemme,

$$I_2 = -\frac{\varepsilon^2}{4} I(\theta_0) + o(\varepsilon^2) .$$

Enfin,

$$I_3 = \int_{A_{\varepsilon\delta}^c} c(x) \left(\sqrt{p(x,\theta_0+\varepsilon)} - \sqrt{p(x,\theta_0)}\right)^2 \left(\frac{\sqrt{p(x,\theta_0+\varepsilon)}}{\sqrt{p(x,\theta_0)}} - 1\right) d\nu(x)$$

$$\leq K \left(e^{\frac{\delta}{2}} - 1\right) I_2 .$$

En appliquant ces résultats avec $\varepsilon = \frac{u}{\sqrt{n}}$, on obtient la condition (2). Par un calcul analogue, on obtient la condition (3). La convergence en loi des marginales finies d'ordre 1 de $(Z_n(u))$ vers celles de $(Z(u))$ est ainsi établie.
$\square$

Le paragraphe suivant s'emploie à démontrer la convergence en loi fonctionnelle du processus de vraisemblance dans un espace convenable.

5 3 Convergence de la suite des processus du rapport de vraisemblance : conditions d'Ibragimov et Has'minskii

Considérons un modèle statistique $(\Omega_n, \mathcal{A}_n, P_\theta^n)_{\theta \in \Theta}$ engendré par une observation $X^{(n)}$ à valeurs dans un espace mesurable $(\mathcal{X}_n, \mathcal{B}_n)$; Θ est un ouvert non vide de $\mathbf{R}^k$. On notera $\frac{dP_\theta^n}{dP_{\theta_0}^n}$ la densité de la composante de P_θ^n absolument continue par rapport à $P_{\theta_0}^n$ et $\frac{dP_\theta^n}{dP_{\theta_0}^n}(X^{(n)})$ représentera le rapport de vraisemblance.

Soit $\varphi(n)$ une application linéaire inversible de $\mathbf{R}^k$ dans $\mathbf{R}^k$ dont la norme tend vers 0 lorsque n tend vers l'infini. Pour $\theta_0 \in \Theta$, on considère le processus défini, comme au paragraphe précédent pour

$$u \in U_n = \{u \in \mathbf{R}^k \; / \; \theta_0 + \varphi(n)u \in \Theta\} ,$$

par :

$$Z_n(u, \theta_0) = \frac{dP_{\theta_0+\varphi(n)u}^n}{dP_{\theta_0}^n}(X^{(n)}) \tag{1}$$

On suppose de plus :

C1 : Pour tout u

$$Z_n(u, \theta_0) = \exp\left\{<u, \Delta_n> - \frac{1}{2} <u, J(\theta_0)u> + \psi_n(u)\right\}$$

où Δ_n converge en loi sous $P_{\theta_0}^n$ vers $N_k(0, J(\theta_0))$, $J(\theta_0)$ est une matrice (k, k) définie positive et $\psi_n(u)$ converge en probabilité sous $P_{\theta_0}^n$ vers 0.

C2 : Il existe des constantes $q > 0$, $B > 0$, $\beta > k$, $m > 0$, $a > 0$ telles que, pour tout $R > 0$

$$\sup_{\substack{u,v \in U_n \\ |u|<R \\ |v|<R}} |u-v|^{-\beta} \, E_{\theta_0}^n \big| Z_n^q(u, \theta_0) - Z_n^q(v, \theta_0) \big|^m \;\leq\; B(1+R^a) \,.$$

C3 : $\forall \, N > 0$

$$\forall \, n \,, \quad \sup_{u \in U_n} |u|^N \, E_{\theta_0}^n \, Z_n^q(u, \theta_0) \;<\; +\infty \,.$$

5.3.1 Interprétation des hypothèses

La première condition appelée normalité asymptotique locale ou "Local Asymptotic Normality" (L.A.N.) exprime la convergence du processus $Z_n(u, \theta_0)$ au sens des marginales finies (sous $P_{\theta_0}^n$) vers le processus

$$Z(u, \theta_0) \;=\; \exp \left\{ < u, \Delta > - \frac{1}{2} < u, J(\theta_0)u > \right\} \tag{2}$$

où Δ est une v.a. de loi gaussienne $N_k(0, J(\theta_0))$. Le paragraphe précédent nous a permis d'étudier, dans le cas où l'observation $X^{(n)}$ est un n-échantillon $(X_1, \ldots, X_n)$, sous quelles conditions on obtient cette convergence en loi avec $\varphi(n) = \frac{1}{\sqrt{n}} \, Id$ et $J(\theta_0) = I(\theta_0)$.

Si dans la condition C3, on a $q = \frac{1}{2}$, on remarque que cette condition traduit alors la vitesse à laquelle les probabilités $P_{\theta_0}^n$ et $P_{\theta_0 + \varphi(n)u}^n$ se séparent, quand $n \to +\infty$, au sens de la distance de Hellinger. En effet,

$$E_{\theta_0}^n \, Z_n^{1/2}(u, \theta_0) \;=\; 1 - \frac{1}{2} h^2 \left(P_{\theta_0 + \varphi(n)u}^n \,, P_{\theta_0}^n \right) \,.$$

Ainsi, dans le cas du n-échantillon envisagé au paragraphe précédent où $P_\theta^n = P_\theta^{\otimes n}$, on peut montrer que s'il existe $p > 0$ tel que

$$\sup_{\theta \in \mathbb{R}^k} |\theta - \theta_0|^p \left(1 - \frac{1}{2} h^2(P_\theta, P_{\theta_0}) \right) \;<\; \infty \,,$$

alors la condition C3 est vérifiée (cf. Ibragimov et Has'minskii, 1981).

De même, si $q = \frac{1}{2} = \frac{1}{m}$ dans C2, on obtient une condition qui traduit la vitesse de rapprochement de $P^n_{\theta_0 + \varphi(n)u}$ et $P^n_{\theta_0}$. Toujours dans le cadre du n-échantillon, on peut observer que :

$$h^2 \left(P^{\otimes n}_{\theta_0 + \frac{u}{\sqrt{n}}} , P^{\otimes n}_{\theta_0 + \frac{v}{\sqrt{n}}} \right) \leq nh^2 \left(P_{\theta_0 + \frac{u}{\sqrt{n}}} , P_{\theta_0 + \frac{v}{\sqrt{n}}} \right)$$

$$\leq n \frac{(u-v)^2}{4n} \sup_{|\theta - \theta_0| \leq R} I(\theta) .$$

(Reprendre les arguments développés pour démontrer le lemme au paragraphe précédent).

On obtiendra donc la condition C2 $\left(\text{avec } q = \frac{1}{2} = \frac{1}{m}\right)$ si l'on impose une majoration polynômiale à l'information de Fisher, c'est-à-dire si l'on suppose qu'il n'y a pas de situations trop informatives (cf. Chapitre 2, 2.1.1, hypothèses (6)-(7)). Ces conditions permettent de traiter le cas de modèles techniquement plus difficiles que le n-échantillon (modèles de régressions, diffusions, processus,..., cf. Ibragimov et Has'minskii, 1981, Kutoyants, 1984).

5.3.2 Résultat

Soit $C_0(\mathbf{R}^k, \mathbf{R})$ l'ensemble des fonctions continues de $\mathbf{R}^k$ dans $\mathbf{R}$ tendant vers 0 à l'infini, muni de la norme $\|f\| = \sup_{u \in \mathbf{R}^k} |f(u)|$. Cet espace apparaît naturellement pour étudier la convergence en loi du processus $(Z_n(u, \theta_0))$ dans la mesure où le but poursuivi est de démontrer la convergence en loi de l'estimateur du maximum de vraisemblance.

Théorème. *Sous les hypothèses C1-C2-C3, le processus $(Z_n(u, \theta_0) , u \in U_n)$ converge en loi sous $P^n_{\theta_0}$ dans $C_0(\mathbf{R}^k, \mathbf{R})$ vers le processus $(Z(u, \theta_0) , u \in \mathbf{R}^k)$ (cf. formules (1)-(2)).*

Le fait que $(Z_n(u, \theta_0))$ ne soit pas défini sur tout $\mathbf{R}^k$ a peu d'importance vu les hypothèses faites. Pour simplifier l'exposé, nous supposerons $Z_n(u, \theta_0)$ défini pour tout $u \in \mathbf{R}^k$ (cf. Ibragimov et Has'minskii op. cit., p. 103-106).

5.3.3 Conséquences

Avant de démontrer ce théorème, donnons-en quelques-unes des conséquences essentielles.

On a vu dans les chapitres précédents (théorème de convolution) que, sous la condition C1 seule, si T_n est une suite d'estimateurs régulière telle que $\varphi(n)^{-1}(T_n - \theta)$ converge en loi sous $P^n_{\theta_0}$ vers une loi F_{θ_0}, alors $F_{\theta_0} = \mu * N(0, J^{-1}(\theta_0))$. Les conditions supplémentaires C2 et C3 vont nous permettre de construire une suite d'estimateurs pour laquelle μ est la masse de Dirac en 0.

Soit $\hat{\theta}_n$ un estimateur du maximum de vraisemblance et considérons

$$\hat{u}_n = \varphi(n)^{-1}(\hat{\theta}_n - \theta_0) \, .$$

Alors

$$\hat{u}_n = \underset{u \in \mathbf{R}^k}{\operatorname{Arg\,max}} \, \frac{dP^n_{\theta_0 + \varphi(n)u}}{dP^n_{\theta_0}}\left(X^{(n)}\right) = \underset{u \in \mathbf{R}^k}{\operatorname{Arg\,max}} \, Z_n(u, \theta_0) \, .$$

Supposons pour simplifier que $\hat{u}_n$ soit l'unique point en lequel $Z_n(u, \theta_0)$ atteint son maximum absolu et calculons pour D un hyper-rectangle ouvert borné de $\mathbf{R}^k$,

$$P^n_{\theta_0}(\hat{u}_n \in D) = P^n_{\theta_0}\left(\sup_{u \in D} Z_n(u, \theta_0) > \sup_{u \notin D} Z_n(u, \theta_0)\right) \, .$$

Or $\psi(g) = \sup_{u \in D} g(u) - \sup_{u \notin D} g(u)$ est une fonction continue de $C_0(\mathbf{R}^k, \mathbf{R})$ dans $\mathbf{R}$. En utilisant le théorème, on en conclura que, si

$$\hat{u} = \underset{u \in \mathbf{R}^k}{\operatorname{Arg\,max}} \, Z(u, \theta_0) = J(\theta_0)^{-1} \Delta \, ,$$

$$P^n_{\theta_0}(\hat{u}_n \in D) \underset{n \to +\infty}{\longrightarrow} P\left(\sup_{u \in D} Z_n(u, \theta_0) - \sup_{u \notin D} Z_n(u, \theta_0) > 0\right)$$

$$= P(\hat{u} \in D) \, .$$

On a donc bien construit, par la méthode du maximum de vraisemblance, une suite d'estimateurs pour laquelle la concentration au sens du théorème de convolution est maximale (i.e. $\mu = \delta_{\{0\}}$).

Si $\hat{u}_n$ n'est pas l'unique point en lequel $Z_n(u, \theta_0)$ atteint son maximum, le raisonnement précédent s'applique en remplaçant $\hat{u}_n$ par l'ensemble Λ_n des points de $\mathbf{R}^k$ en lesquels $Z_n(u, \theta_0)$ atteint son maximum absolu et on conclut en démontrant que le diamètre de cet ensemble tend vers 0.

Remarque. Une démonstration analogue permet d'obtenir la loi limite de certains estimateurs liés à la vraisemblance (bayésiens,...) et de la statistique du rapport de vraisemblance associée à certains tests d'hypothèses (cf. Ibragimov et Has'minskii, 1981).

5.3.4 Preuve du théorème

a) Convergence étroite dans $C_0(\mathbf{R}^k, \mathbf{R})$

La convergence en loi d'une suite de processus (Z_n) à valeurs dans $C_0(\mathbf{R}^k, \mathbf{R})$ se démontre selon la technique usuelle en deux étapes :

1) montrer que la suite des lois P_n de Z_n est étroitement relativement compacte
2) montrer qu'elle n'admet qu'une seule valeur d'adhérence.

Les lois de probabilité sur $C_0(\mathbf{R}^k, \mathbf{R})$ étant caractérisées par leurs répartitions marginales finies, la partie 2) est donc obtenue si l'on démontre la convergence en loi au sens des marginales finies de la suite Z_n vers les marginales finies d'un processus Z à valeurs dans $C_0(\mathbf{R}^k, \mathbf{R})$.

La partie 1) nécessite l'application du théorème de Prohorov et donc, par l'intermédiaire du théorème d'Arzelà-Ascoli, la caractérisation des compacts de $C_0(\mathbf{R}^k, \mathbf{R})$. Rappelons ces deux théorèmes.

Théorème de Prohorov. (Cf. par exemple, Billingsley, 1968).
Si S est un espace métrique séparable, complet, muni de sa tribu borélienne $\mathcal{S}$, et $(P_\lambda, \lambda \in \Lambda)$ une famille de probabilités sur $(S, \mathcal{S})$, $(P_\lambda, \lambda \in \Lambda)$ est étroitement relativement compacte si et seulement si elle est tendue, i.e. :

$$\forall \varepsilon > 0, \quad \text{il existe un compact } K_\varepsilon \text{ tel que}$$
$$\forall \lambda \in \Lambda \quad P_\lambda(K_\varepsilon^c) \leq \varepsilon .$$

Théorème d'Arzelà-Ascoli. (Cf. Dieudonné, 1963).
Soit $A \subset C(E, F)$ ensemble des fonctions continues de E dans F, où E est un compact d'un espace métrique, F est un espace métrique complet ; $C(E, F)$ est muni de la topologie de la convergence uniforme.

La partie A est relativement compacte si et seulement si

α) *L'ensemble $\{f(0), f \in A\}$ est relativement compact.*

β) *Il existe une fonction $\omega : \mathbf{R}^+ \to \mathbf{R}^+$ croissante, nulle en 0 et continue en ce point telle que :*

$$\forall f \in A, \ \forall \delta > 0, \quad \sup_{\substack{x,y \in E \\ d(x,y) \leq \delta}} d(f(x), f(y)) \leq \omega(\delta) .$$

Il n'est pas difficile d'en déduire que : $A \subset C_0(\mathbf{R}^k, \mathbf{R})$ est une partie relativement compacte si et seulement si

(α') $\{f(0), f \in A\}$ est borné.

(β') $\forall K$ compact de $\mathbf{R}^k$,

$$\sup_{f \in A} \ \sup_{\substack{x,y \in K \\ |x-y| \leq \delta}} |f(x) - f(y)| = \omega(\delta)$$

vérifie $\omega(\delta) \to 0$ lorsque $\delta \to 0$.

(γ') $g(M) = \sup_{f \in A} \sup_{|x| > M} |f(x)| \to 0$ lorsque $M \to +\infty$.

b) Démonstration du théorème

Le processus $(Z(u, \theta_0)$, $u \in \mathbf{R}^k)$ est à valeurs dans $C_0(\mathbf{R}^k, \mathbf{R})$ et la condition C1 permet de démontrer que $(Z_n(u, \theta_0))$ converge en loi sous $P_{\theta_0}^n$ au sens des marginales finies vers $(Z(u, \theta_0))$.

Reste à montrer la tension du processus $(Z_n(u, \theta_0))$ dans $C_0(\mathbf{R}^k, \mathbf{R})$ ce qui revient à la vérification de :

(i) $\forall\, \varepsilon > 0$, $\exists\, M$, $\forall\, n$

$$P_{\theta_0}^n \left(|Z_n(0, \theta_0)| > M \right) \leq \varepsilon .$$

(ii) $\forall\, \varepsilon > 0$, $\forall\, K$ compact de $\mathbf{R}^k$, $\exists\, \delta > 0$, $\forall\, n$

$$P_{\theta_0}^n \left(\sup_{\substack{u_1, u_2 \in K \\ |u_1 - u_2| \leq \delta}} |Z_n(u_1, \theta_0) - Z_n(u_2, \theta_0)| > \eta \right) \leq \varepsilon .$$

(iii) $\forall\, \varepsilon > 0$, $\forall\, \eta$, $\exists\, M$, $\forall\, n$

$$P_{\theta_0}^n \left(\sup_{|u| > M} |Z_n(u, \theta_0)| > \eta \right) \leq \varepsilon .$$

La condition (i) est acquise par le fait que $Z_n(0, \theta_0) = 1$.

Pour démontrer (ii) et (iii), nous allons avoir recours à l'utilisation du lemme suivant.

Lemme (Kolmogorov). *Soit $(\xi(\theta)$, $\theta \in K)$ un processus à trajectoires continues sur $K \subset \mathbf{R}^k$ compact. On suppose qu'il existe des constantes $\alpha > k$, $C > 0$, $\gamma > 0$ telles que :*

$$\forall\, A \quad P\big(|\xi(\theta_1) - \xi(\theta_2)| > A \big) \leq \frac{C}{A^\gamma} |\theta_1 - \theta_2|^\alpha .$$

Alors, il existe une constante C_1 telle que

$$\forall\, A \quad P\left(\sup_{|\theta_1 - \theta_2| \leq \delta} |\xi(\theta_1) - \xi(\theta_2)| > A \right) \leq \frac{CC_1}{A^\gamma} \delta^{\alpha - k} .$$

On trouvera la démonstration de ce lemme, par exemple, dans Billingsley, 1968 ($k = 1$), ou dans Ibragimov et Has'minskii, 1981 (k quelconque).

Démonstration de (ii). D'après l'hypothèse C2, on a :

$$P_{\theta_0}^n \left(|Z_n^q(u, \theta_0) - Z_n^q(v, \theta_0)| > A \right) \leq \frac{B}{A^m} (1 + R^a) |u - v|^\beta$$

pour $|u|$ et $|v|$ inférieurs à R.

En appliquant le lemme précédent, on obtient, sur la boule $B(0, R)$ de centre 0, de rayon R, de $\mathbf{R}^k$:

$$P_{\theta_0}^n \left(\sup_{\substack{|u_1 - u_2| \leq \delta \\ u_1, u_2 \in B(0,R)}} |Z_n^q(u_1, \theta_0) - Z_n^q(u_2, \theta_0)| > \eta \right)$$

$$\leq \frac{BC_1}{\eta^m} (1 + R^a) \delta^{\beta - k} .$$

Il suffit alors de choisir, pour $\varepsilon > 0$ quelconque,

$$\delta = \left\{ \frac{\varepsilon \eta^m}{BC_1 (1 + R^a)} \right\}^{\frac{1}{\beta - k}} ,$$

et la condition (ii) est vérifiée pour le processus $Z_n^q(\cdot, \theta_0)$, donc pour le processus $Z_n(\cdot, \theta_0)$ par continuité de la fonction $x \to x^q$.

Démonstration de (iii).

$$P_{\theta_0}^n \left(\sup_{|u| > L} Z_n^q(u, \theta_0) > \eta \right) \leq \sum_{\substack{l > L \\ l \in \mathbf{N}}} P_{\theta_0}^n \left(\sup_{u \in B(0, l+1) \setminus B(0, l)} Z_n^q(u, \theta_0) > \frac{1}{l^N} \right)$$

pour un N déterminé par $L^{-N} < \eta$.

Subdivisons l'ensemble $\mathcal{C}(l, l+1) = B(0, l+1) \setminus B(0, l)$ en un nombre fini $N(l)$ de régions de diamètre inférieur ou égal à $\delta(l)$. Cette partition peut être effectuée de façon que $N(l) \leqq \frac{1}{\delta(l)^k}$. Fixons u_i, $i = 1, \ldots, N(l)$ dans chacun des ensembles ainsi obtenus. On a :

$$P_{\theta_0}^n \left(\sup_{u \in \mathcal{C}(l, l+1)} Z_n^q(u, \theta_0) > \frac{1}{l^N} \right) \leq \left[\sum_{j=1}^{N(l)} P_{\theta_0}^n \left(Z_n^q(u_j, \theta_0) > \alpha(l) \right) \right]$$

$$+ P_{\theta_0}^n \left(\sup_{\substack{u, v \in \mathcal{C}(l, l+1) \\ |u - v| \leq \delta(l)}} |Z_n^q(u, \theta_0) - Z_n^q(v, \theta_0)| > \beta(l) \right)$$

si $\alpha(l) + \beta(l) = \frac{1}{l^N}$.

D'après l'étude précédente, on peut majorer le second terme par $\frac{BC_1}{\beta(l)^m} \delta(l)^{\beta - k} (1 + l^a)$.

Pour contrôler le premier terme, nous allons utiliser le résultat suivant : sous l'hypothèse C3,

$$\forall N , \ \exists C , \ \forall n \quad P_{\theta_0}^n \left(Z_n^q(u, \theta_0) > A \right) \leq \frac{C}{A} \frac{1}{|u|^N} .$$

On a alors pour tout n :

$$P_{\theta_0}^n \left(\sup_{|u|>L} Z_n^q(u, \theta_0) > \eta \right) \leq \sum_{l>L} \frac{BC_1}{\beta(l)^m} \delta(l)^{\beta-k}(1+l^a) + \frac{1}{\delta(l)^k} \frac{C}{\alpha(l)} \frac{1}{l^{N'}}$$

avec N' arbitraire.

On vérifiera que le choix

$$\beta(l) = \alpha(l) = \frac{1}{2l^N} \quad , \quad \delta(l) = l^{-\frac{Nm+a+2}{\beta-k}} ,$$

$$N' = N + \left(\frac{Nm+a+2}{\beta-k} \right) k + 2 ,$$

permet de majorer à nouveau le membre de gauche de l'inégalité précédente par cte $\sum_{l>L} \frac{1}{l^2}$. D'où la condition (iii). $\square$

6 Etude asymptotique des modèles de rupture

Dans ce chapitre, les méthodes de comparaisons asymptotiques, développées au cours des chapitres précédents, sont mises en œuvre dans le cadre particulier des ruptures de modèles.

Nous présentons d'abord le problème sous ses multiples formes puis étudions divers tests de ruptures en recherchant notamment leurs propriétés d'optimalité. Quatre points de vue sont envisagés : problème à nombre d'observation fixé, asymptotique locale, asymptotique non locale, simulations.

6.1 Présentation des modèles de variables indépendantes et des tests classiques

Notre présentation n'est pas exhaustive et nous nous restreignons aux méthodes faisant l'objet de comparaisons ou d'études dans la suite.

6.1.1 Présentation des modèles

a) Modèle statistique classique

On suppose observer une suite (ordonnée chronologiquement) de n variables (ou vecteurs) aléatoires $Y_1, Y_2, \ldots, Y_n$ indépendantes, identiquement distribuées, de loi admettant une densité $p(\cdot, \theta)$ par rapport à une mesure dominante fixe.

Le paramètre θ (scalaire ou vectoriel) étant susceptible de changer au cours du temps, on teste alors l'hypothèse nulle d'absence de rupture :

H_0 : $Y_1, \ldots, Y_n$ sont indépendantes, de même densité $p(\cdot, \theta)$ (hypothèse $H_0(\theta)$) contre l'hypothèse d'existence d'une rupture :

H_1 : il existe un instant k inconnu ($1 \leq k \leq n$) à partir duquel le paramètre a changé, c'est-à-dire

$Y_1, \ldots, Y_{k-1}$ sont indépendantes, de même densité $p(\cdot, \theta_1)$

$Y_k, \ldots, Y_n$ sont indépendantes, de même densité $p(\cdot, \theta_2)$,
     (hypothèse $H_1(\theta_1, k, \theta_2)$) .

Un exemple particulier est celui des lois gaussiennes de moyenne m et de variance σ^2 ; dans ce cas on peut tester soit une rupture de moyenne, soit une rupture de variance, soit un changement simultané des deux paramètres: $\theta = (m, \sigma^2)^t$. (^{t} désigne la transposition).

b) Modèle de régression linéaire

C'est un élargissement du modèle où les observations peuvent différer en moyenne : le paramètre θ se décompose en deux parties $\theta = (\eta, \sigma)^t$ où η désigne les paramètres de la régression (de dimension q) et σ les paramètres auxiliaires (écart-type,...). La fonction de régression, notée $f(\cdot)$, est supposée déterministe, et les n variables $Y_1, \ldots, Y_n$ sont indépendantes. Sous l'hypothèse nulle H_0, les n variables : $Y_j - \eta^t f(j)$, $j = 1, \ldots, n$ sont de même loi de densité $p(\cdot, \sigma)$ et nous pouvons tester un changement du paramètre de la régression η, un changement de σ, ou des deux à la fois.

c) Mouvement brownien avec dérive

L'observation, à temps continu, est décrite par :

$$dY_t = S(t, \eta)\, dt + \sigma\, dW_t \quad , \quad t \in [0, T] \, ,$$

où $S(t, \eta)$ est une fonction déterministe et W désigne un mouvement brownien standard. Dans le cas où la dérive est linéaire par rapport au paramètre η, $S(t, \eta) = \eta\, f(t)$, on obtient la version à temps continu des modèles précédents dans le cadre gaussien. Nous retrouverons d'ailleurs ce modèle du brownien avec dérive comme modèle limite dans la théorie asymptotique développée au §6.2.

Dans ce cas, on étudiera les tests de :

H_0 : Y est un mouvement brownien de dérive $\eta^t f(t)$ pour $t \in [0, T]$, $(H_0(\eta))$

contre :

H_1 : Y a la dérive $\eta_1^t f(t)$ pour $t \in [0, \tau[$ et $\eta_2^t f(t)$ pour $t \in [\tau, T]$ $(H_1(\eta_1, \tau, \eta_2))$.

d) Processus de Poisson

Supposons qu'on observe un processus de Poisson Y_t d'intensité paramétrique $S(t, \theta)$ sur $[0, T]$: cela signifie que le processus Y_t est à accroissement indépendants et tel que $Y_{s+h} - Y_s$ suit une loi de Poisson de paramètre $\int_s^{s+h} S(t, \theta)\, dt$. Si l'on se restreint au cas homogène, on peut tester l'hypothèse d'absence de rupture :

H_0 : Y est d'intensité constante θ sur $[0, T[$, (hypothèse $H_0(\theta)$), contre l'hypothèse d'existence d'une rupture à un instant τ inconnu :

H_1 : Y est d'intensité θ_1 sur $[0, \tau[$ et θ_2 sur $[\tau, T]$, hypothèse $H_1(\theta_1, \tau, \theta_2)$.

6.1.2 Présentation des tests classiques

Le premier test qui s'impose dans tous ces modèles est le test du rapport de vraisemblance : en effet celui-ci généralise le test de Neyman-Pearson qui est optimal dans le cas où tous les paramètres sont connus.

a) Test du rapport de vraisemblance

Lorsqu'on connaît l'instant de rupture noté k dans le cas discret (τ si le temps est continu, on est dans la situation de comparaison de deux populations et pour beaucoup de modèles, le test du rapport de vraisemblance est optimal parmi les tests sans biais ou parmi les tests invariants... (nous reviendrons plus tard sur ces définitions). Ce test consiste à remplacer dans le rapport de vraisemblance :

$$L_n\big(Y;\theta;\theta_1,k,\theta_2\big) \;=\; \frac{\prod_{j=1}^{k-1} P(Y_j,\theta_1)\prod_{j=k}^{n} p(Y_j,\theta_2)}{\prod_{j=1}^{n} p(Y_j,\theta)} \qquad \text{(modèle (a))}$$

les paramètres θ sous H_0 et (θ_1,θ_2) sous H_1 par leurs estimateurs du maximum de vraisemblance respectifs. Le test est donc basé sur la statistique:

$$\sup_{\theta_1}\ \sup_{\theta_2}\ \inf_{\theta}\ L_n\big(Y;\theta;\theta_1,k,\theta_2\big)\ .$$

Lorsque l'instant de rupture k est inconnu, c'est un paramètre du modèle et on le remplace par son estimateur du maximum de vraisemblance. Le test du rapport de vraisemblance détecte une rupture (rejette H_0) si la statistique

$$\sup_{k}\ \sup_{\theta_1}\ \sup_{\theta_2}\ \inf_{\theta}\ L_n\big(Y;\theta;\theta_1,k,\theta_2\big)$$

dépasse un seuil $l_n(\alpha)$ défini en fonction du niveau α du test.

Le niveau est aussi appelé ici *probabilité de fausse alarme*. La statistique de ce test est souvent appelée *détecteur du maximum de vraisemblance*.

Dans le cas d'une régression linéaire en variables gausiennes, (modèle (b)), les v.a. $\frac{1}{\sigma}(Y_j - \eta^t f(j))$ suivent la loi $N(0,1)$ et les estimateurs du maximum de vraisemblance sont bien connus et donnés par les "équations normales" :

$$\hat{\eta} \;=\; \left[\sum_{j=1}^{n} f(j)f(j)^t\right]^{-1}\ \sum_{j=1}^{n} f(j)Y_j$$

et des expressions analogues pour $\hat{\eta}_1(k)$, $\hat{\eta}_2(k)$, estimateurs à k fixé. Ces estimateurs se calculent récursivement en k et le calcul du supremum global se ramène à la recherche du supremum en k.

Dans le cas du mouvement brownien avec dérive linéaire $S(t,\eta) : n^t f(t)$ et variance constante σ^2 connue, les estimateurs ont une expression analogue à celle du temps discret : par exemple,

$$\hat{\eta}_1(\tau) \;=\; \left[\int_0^\tau f(s)\,f(s)^t\,ds\right]^{-1}\int_0^\tau f(s)\,dY_s \qquad (1)$$

et le rapport de vraisemblance maximum est atteint pour $\hat\tau$ réalisant le supremum de

$$
\begin{aligned}
2 \log L_T & \left(Y; \hat\eta; \hat\eta_1(\tau), \tau, \hat\eta_2(\tau)\right) \\
= & \left[\int_0^\tau f(s)\, dY_s\right]^t \left[\int_0^\tau f(s)\, f(s)^t\, ds\right]^{-1} \left[\int_0^\tau f(s)\, dY_s\right] \\
& + \left[\int_\tau^T f(s)\, dY_s\right]^t \left[\int_\tau^T f(s)\, f(s)^t\, ds\right]^{-1} \left[\int_\tau^T f(s)\, dY_s\right] \\
& - \left[\int_0^T f(s)\, dY_s\right]^t \left[\int_0^T f(s)\, f(s)^t\, ds\right]^{-1} \left[\int_0^T f(s)\, dY_s\right] .
\end{aligned}
$$

Pour le processus de Poisson homogène, le rapport de vraisemblance de l'hypothèse $H_1(\theta_1, \tau, \theta_2)$ à l'hypothèse $H_0(\theta)$ est particulièrement simple et son logarithme vaut :

$$
\begin{aligned}
\log L_T & \left(Y; \theta; \theta_1, \tau, \theta_2\right) \\
& = \log \theta_1 Y_\tau + \log \theta_2 (Y_T - Y_\tau) - \log \theta\, Y_T - \theta_1 \tau - \theta_2(T - \tau) + \theta T .
\end{aligned}
$$

Les estimateurs du maximum de vraisemblance, à τ connu, sont respectivement

$$
\hat\theta_1(\tau) = \frac{Y_\tau}{\tau} \qquad \hat\theta_2(\tau) = \frac{Y_T - Y_\tau}{T - \tau} \qquad \hat\theta = \frac{Y_T}{T} .
$$

Le détecteur du maximum de vraisemblance s'écrit alors :

$$
\begin{aligned}
\sup_\tau \; & Y_\tau \log \frac{Y_\tau}{\tau} + (Y_T - Y_\tau) \log \frac{Y_T - Y_\tau}{T - \tau} - Y_T \log \frac{Y_T}{T} \\
& = Y_T \sup_\tau K\left[\frac{Y_\tau}{Y_T}, \frac{\tau}{T}\right]
\end{aligned}
$$

où K désigne l'information de Kullback entre deux lois de Bernoulli de paramètres p et q : $K(p, q) = p \log \frac{p}{q} + (1 - p) \log \frac{1-p}{1-q}$.

Dans chaque modèle, d'autres tests spécifiques peuvent être utilisés, citons-en quelques-uns que nous comparerons au test du rapport de vraisemblance.

b) Autres tests classiques

Pour le modèle gaussien avec rupture de moyenne ou de variance et plus généralement pour le modèle de régression linéaire en variables gaussiennes, divers tests sont basés sur *les résidus récursifs* (ou innovations) : $Y_j - f(j)^t \hat\eta_{j-1}$, l'estimateur de η étant calculé sous H_0 au vu des observations passées $(Y_1, \ldots, Y_{j-1})$. L'approche de Brown-Durbin-Evans, 1975, repose sur une renormalisation préalable de ces résidus de sorte qu'ils soient de même variance :

$$
\varepsilon_j = \frac{Y_j - f(j)^t \hat\eta_{j-1}}{\sqrt{1 + f(j)^t \left[\sum_{i=1}^{j-1} f(i) f(i)^t\right]^{-1} f(j)}} \quad , \quad j = q + 1, \ldots, n .
$$

Sous l'hypothèse nulle H_0, les résidus ε_j sont donc indépendants et de même loi $N(0; \sigma^2)$.

Sous l'hypothèse H_1^* d'un changement de paramètre η seul, la variance σ^2 restant constante, les résidus ε_j restent indépendants, gaussiens de même variance σ^2, mais ils sont biaisés à partir de l'instant k de rupture.

Sous l'hypothèse H_1^{**} d'un changement de variance σ^2 seul, le paramètre η restant constant, les résidus ε_j restent gaussiens centrés mais sont corrélés et ne sont plus de même variance après l'instant de rupture.

Les tests proposés par Brown-Durbin-Evans, 1975, calculent les sommes cumulées de résidus ou de leurs carrés et rejettent l'hypothèse H_0 lorsque ces sommes dépassent un certain seuil.

Dans le cas où σ est connu, les régions de rejet s'écrivent respectivement :

$$\exists \, j = q + 1, \ldots, n \, , \qquad \frac{1}{\sigma} \left| \sum_{i=q+1}^{j} \varepsilon_i \right| > \lambda(j) \tag{2}$$

$$\exists \, j = q + 1, \ldots, n \, , \qquad \frac{1}{\sigma^2} \sum_{i=q+1}^{j} \varepsilon_i^2 \notin \,] \, \lambda_1(j), \lambda_2(j)] \, . \tag{3}$$

Les frontières $\lambda(\cdot)$, $\lambda_1(\cdot)$, $\lambda_2(\cdot)$ sont à déterminer en fonction de la probabilité de fausse alarme mais peuvent être ajustées de façon à mieux détecter une rupture se produisant au début, au milieu ou en fin d'observation. En l'absence d'information a priori sur l'instant de rupture éventuelle, des théorèmes de grandes déviations fournissent des frontières "optimales" pour chaque type de test (cf. Deshayes et Picard, 1982).

Dans le cas (le plus fréquent) où σ^2 est inconnu, on l'estime globalement sous H_0 par

$$\hat{\sigma}_n^2 \; = \; \frac{1}{n-q} \sum_{i=1}^{n} \left[Y_i - f(i)^T \, \hat{\eta}_n \right]^2 \; = \; \frac{1}{n-q} \sum_{i=q+1}^{n} \varepsilon_i^2 \, .$$

Les régions de rejet sont donc de la même forme avec σ remplacé par $\hat{\sigma}_n$.

Remarques.

i) L'estimation globale de σ^2 fait perdre la propriété récursive des tests.

ii) Les tests ci-dessus seraient améliorés en prenant à la place de $\hat{\sigma}_n^2$, un bon estimateur de σ^2 sous l'hypothèse d'une rupture à l'instant j. Mais les calculs sont alors difficiles.

iii) L'expression du biais sous H_1 montre qu'on améliore la puissance du test en cumulant les résidus ε_j en partant de la fin (voir op. cit.).

iv) Le test du rapport de vraisemblance s'exprimant aussi à l'aide des résidus ε_j, cela pourra faciliter la comparaison.

Pour le modèle à temps continu du brownien avec dérive linéaire, la même démarche s'appuie sur le processus d'innovation à temps continu :

$$d\varepsilon_t = dY_t - f(t)^t \hat{\eta}(t) dt$$

avec $\hat{\eta}(t)$ défini par (1).

Pour le processus de Poisson homogène, le détecteur du maximum de vraisemblance était basé sur la distance de Kullback :

$$\sup_{t\in[0,T]} K\left[\frac{Y_t}{Y_T}, \frac{t}{T}\right].$$

Un test de même essence mais plus simple utilise la distance de Kolmogorov-Smirnov : $\sup_t \left|\frac{Y_t}{Y_T} - \frac{t}{T}\right|$; ce détecteur n'est autre que la différence entre les estimateurs de l'intensité avant et après une rupture éventuelle car

$$\frac{Y_t}{Y_T} - \frac{t}{T} = \frac{t(T-t)}{T\,Y_T}\left[\frac{Y_t}{t} - \frac{Y_T - Y_t}{T - t}\right].$$

6 2 Comparaisons

Nous allons confronter maintenant ces différents tests au test du maximum de vraisemblance.

Rappelons les définitions suivantes :

Définitions.

a) *Un test est dit sans biais si sa probabilité de détection est supérieure à la probabilité de fausse alarme α, quelle que soit la valeur du paramètre incluse dans la contre-hypothèse H_1.*

b) *Un test est dit invariant par un groupe de transformations $\mathcal{G}$ si sa région de rejet ne change pas lorsqu'on fait opérer le groupe de transformations.*

Cela suppose implicitement que le groupe $\mathcal{G}$ qui opère sur les observations, induit un groupe de transformations $\mathcal{G}^*$ sur l'espace des paramètres et que les hypothèses H_0 et H_1 sont globalement invariantes par $\mathcal{G}^*$. Cela se comprendra mieux sur un exemple simple.

Exemple.

Supposons que l'on observe deux variables Y_1 et Y_2 indépendantes gaussiennes, de variances connues pour simplifier, et que l'on veuille tester l'égalité des moyennes :

$$Y = \begin{pmatrix} Y_1 \\ Y_2 \end{pmatrix} \sim N\left\{\begin{pmatrix} m_1 \\ m_2 \end{pmatrix}, \begin{pmatrix} 1 & 0 \\ 0 & 1 \end{pmatrix}\right\}$$

$$H_0 : m_1 = m_2 \qquad H_1 : m_1 \neq m_2 \; .$$

Les translations parallèles à la diagonale de $\mathbf{R}^2$:

$$\mathcal{T}_a : \begin{pmatrix} y_1 \\ y_2 \end{pmatrix} \rightarrow \begin{pmatrix} y_1 + a \\ y_2 + a \end{pmatrix}$$

opèrent la même transformation sur les moyennes.

L'hypothèse H_0 qui correspond à la diagonale de l'espace $\mathbf{R}^2$ des paramètres et l'hypothèse H_1 à son complémentaire, sont bien conservées par ces translations. Il est alors "naturel" de se restreindre aux tests dont la décision est aussi invariante : leur région de rejet est construite à partir de la statistique $Y_1 - Y_2$ (qui est ici l'invariant maximal) (pour ces définitions et propriétés d'invariance, cf. par exemple, Lehmann, 1986).

6.2.1 Absence d'optimalité pour les tests d'existence de rupture à taille n fixée

Si aucune information a priori n'est disponible sur l'instant de rupture éventuelle, aucune propriété d'optimalité ne peut être mise en évidence même pour les modèles les plus simples, même lorsque les paramètres avant et après rupture sont connus.

Par exemple, si les observations Y_j sont indépendantes, gaussiennes $N(0,1)$ jusqu'à l'instant de rupture éventuelle k, et $N(d,1)$ après, avec d positif connu, le test optimal (avec k inconnu) devrait avoir les mêmes performances que le test de Neyman-Pearson avec k connu, qui rejette l'hypothèse H_0 d'absence de rupture lorsque :

$$\sum_{i=k}^{n} Y_i \geq c_{n-k}(\alpha) \; .$$

La statistique du test de Neyman-Pearson dépend donc de l'instant de rupture k ce qui implique en appliquant le lemme de Neyman-Pearson qui caractérise les tests optimaux (cf. par exemple Lehmann, 1986), l'absence de test optimal pour une taille d'échantillon n fixée et nous conduit à rechercher des tests optimaux dans un cadre asymptotique.

Nous rappelons que deux points de vue asymptotiques différents (voire contradictoires) sont généralement adoptés :

i) pour des hypothèses H_0 et H_1 fixées, les erreurs de première et deuxième espèce tendent vers 0 avec une vitesse de décroissance (en n) exponentielle pour des seuils bien choisis et la théorie asymptotique dite *non locale* définit les meilleures vitesses exponentielles ainsi que des tests les réalisant (cf. chapitre 4).

ii) La théorie asymptotique *locale* considère des tests d'hypothèses de plus en plus rapprochées au fur et à mesure que la taille d'échantillon augmente afin d'obtenir des probabilités de fausse alarme et de détection asymptotiques non dégénérées (cf. chapitre 3).

Nous allons développer successivement ces deux points de vue asymptotiques. La théorie non locale a l'avantage d'exhiber des tests optimaux (nous préciserons en quel sens) alors que la théorie locale se révèlera nécessaire pour l'application effective des procédures : calcul de seuils des tests et estimation approchée des paramètres.

6.2.2 Absence des tests asymptotiquement optimaux au sens local

Reprenons l'exemple simple des variables indépendantes avec paramètres connus avant et après rupture. Faisant tendre la taille n d'échantillon vers l'infini, nous considérons une suite d'expériences avec une double suite d'hypothèses.

Notons $H_{0,n}(\theta_0)$ et $H_{1,n}(d,t)$ les hypothèses suivantes :

$H_{0,n}(\theta_0)$: $Y_1, \ldots, Y_n$ sont indépendantes, de même densité $p(y, \theta_0)$

$H_{1,n}(d,t)$: $Y_1, \ldots, Y_{[nt]}$ sont indépendantes, de même densité $p(y, \theta_0)$;

$Y_{[nt]+1}, \ldots, Y_n$ sont indépendantes, de même densité

$$p\left(y\,,\,\theta_0 + \frac{d}{\sqrt{n}}\right),$$

où $t \in]0, 1[$, et les paramètres θ_0 et d sont réels.

Sous les hypothèses de régularité standard (cf. chapitre précédent), on a le théorème suivant.

Théorème 1.

Soit $Z_n(d, \cdot)$ le processus défini sur $[0, 1]$ comme la ligne polygonale joignant les points

$$\left(\frac{j}{n}\,,\,\prod_{i=j+1}^{n} \frac{p(Y_i\,,\,\theta_0 + \frac{d}{\sqrt{n}})}{p(Y_i, \theta_0)}\right) \quad,\quad j = 1, \ldots, n\,.$$

Dans un modèle régulier, le processus $(Z_n(d,t)\,,\,t \in [0,1])$ converge en loi, sous $H_{0,n}(\theta_0)$, au sens des marginales finies, vers $Z(t) = \exp\left\{dW_{(1-t)} - \frac{d^2}{2}(1-t)\right\}$ où W est un processus de Wiener sur $[0,1]$.

On peut en déduire le résultat suivant. Désignons par $\mathcal{C}$ la classe des suites de tests $\varphi_n = 1_{(\xi_n > \lambda)}$, où ξ_n est une suite de v.a. telles que $(\xi_n, Z_n(d, \cdot))$ converge en loi, sous $H_{0,n}(\theta_0)$, vers $(\xi, Z(d, \cdot))$ au sens des marginales finies, dont la loi μ_0 vérifie : $\forall\, t \in [0, 1]$

$$\int \exp z\,(Z(d,t))(\mu_0)(dz) = 1$$

(où $(Z(d,t))(\mu_0)$ est la marginale de $Z(d,t)$ sous μ_0).

Théorème 2.

La classe $\mathcal{C}$ ne contient pas de test optimal de $H_{0,n}(\theta_0)$ contre $\{H_{1,n}(d,t)$, $t \in [0,1[\}$.

Remarque. La classe $\mathcal{C}$ contient tous les tests auxquels il est "raisonnable" de penser.

Démonstration.

Soit $(\varphi_n) \in \mathcal{C}$. Choisissons λ de façon que le test φ_n soit de niveau asymptotique α. C'est-à-dire $\mu_0(\xi > \lambda) = \alpha = \lim_n P^n_{\theta_0}(\xi_n > \lambda)$. En utilisant la convergence de $(\xi_n, Z_n(d,t))$ vers $(\xi, Z(d,t))$ de loi notée μ^t_0, puis le théorème fondamental d'emploi de la contiguïté (cf. chapitre 3), on a facilement que la puissance asymptotique du test φ_n au point t est :

$$\beta(t) = \mu_1(\xi_t > \lambda)$$

où

$$\mu_1(\xi_t \in A) = \iint_{x \in A} \exp z \, d\mu^t_0(x,z) \, .$$

Considérons maintenant la suite particulière φ^*_n associée à $\xi_n = Z_n(d,t)$, $\xi = Z(d,t)$. Le test $1_{Z(d,t) > \lambda^*}$ est optimal pour le problème de test $\{\mu^t_0\}$ contre $\{\mu^t_1\}$ où μ^t_1 admet la densité $\exp z$ par rapport à μ^t_0. Si on applique maintenant le théorème de Neyman-Pearson qui caractérise les tests optimaux pour deux hypothèses simples (cf., par exemple Lehmann, 1986) on obtient que si φ_n est une suite optimale alors nécessairement $\{\xi_t > \lambda\} = \{Z(d,t) > \lambda^*\}$.

Mais comme pour $t_1 \neq t_2$, $\{Z(d,t_1) > \lambda^*_1\}$, $\{Z(d,t_2) > \lambda^*_2\}$ ne coïncident pas, on en déduit le résultat du théorème.

6.2.3 Optimalité asymptotique au sens non local du test du rapport de vraisemblance

a) Introduction

Nous approfondissons l'étude des modèles présentés au §6.1 en considérant maintenant une suite d'expériences indicée par n, où les hypothèses H_0 et H_1 restent à distance fixe cette fois : on suppose encore que $\frac{k(n)}{n}$ tend vers τ mais que $\theta, \theta_1, \theta_2$ ne changent pas avec n, donc l'amplitude du saut $d = \theta_2 - \theta_1$ reste fixe au lieu de tendre vers 0 comme dans la théorie locale. Nous notons respectivement les hypothèses :

$H_{0,n}(\theta)$: le paramètre θ est le même pour toute la période d'observation $\{1, \ldots, n\}$ (ou $[0, T]$ dans le cas continu)

$H_{1,n}(\theta_1, \tau, \theta_2)$: le paramètre est θ_1 avant l'instant de rupture $k(n)$ et θ_2 après avec $\lim_{n \to \infty} \frac{k(n)}{n} = \tau \in]0,1[$.

Les bons tests sont maintenant tels que leurs niveaux et erreurs de seconde espèce décroissent exponentiellement avec la taille de l'échantillon pour des seuils bien choisis. Par des calculs de grandes déviations pour marches aléatoires, on peut comparer les vitesses exponentielles des différents tests et définir pour chaque type de test les frontières optimales définissant les seuils, par exemple pour les tests de sommes cumulées.

Si D_n est une suite de régions de rejet construite à partir des observations $(Y_1, \ldots, Y_n)$, nous définissons son niveau exponentiel

$$\sup_\theta \lim_{n \to \infty} \frac{1}{n} \log P_{H_0(\theta)}(D_n) = -\alpha . \tag{4}$$

L'étude de la probabilité de détection est alors remplacée par l'erreur de deuxième espèce exponentielle qui est la fonction :

$$(\theta_1, \tau, \theta_2) \to \lim_{n \to \infty} \frac{1}{n} \log P_{H_1(\theta_1, \tau, \theta_2)}(D_n^c) = -\beta(\theta_1, \tau, \theta_2) . \tag{5}$$

Comme au chapitre 4, on a la définition :

Définition. *Une suite de tests (D_n) est optimale asymptotiquement au sens non local, au niveau exponentiel $-\alpha$ fixé si parmi les suites vérifiant (4), elle minimise (5) uniformément par rapport aux paramètres θ_1, τ, θ_2.*

b) Vitesses exponentielles optimales pour le modèle gaussien

Proposition. *A niveau exponentiel $-\alpha$ fixé ($\alpha \geq 0$), le test du rapport de vraisemblance fournit la meilleure vitesse exponentielle de l'erreur de deuxième espèce $\beta(\theta_1, \tau, \theta_2)$ en tout point de la contre hypothèse dans les cadres suivants :*
i) parmi les tests invariants par translations pour le modèle $N(\theta, 1)$: changement de moyenne de variables gaussiennes de variance connue.
ii) parmi les tests invariants par homothétie-translation pour le modèle $N(\theta, \sigma^2)$: changement de moyenne de variables gaussiennes de variance inconnue.
iii) parmi les tests invariants par homothétie pour le modèle $N(\theta, \sigma^2)$: changement de variance de variables gaussiennes de moyenne connue.
iv) parmi les tests invariants par homothétie pour le changement de paramètre de variables exponentielles.

La démonstration détaillée de ces résultats figure dans Deshayes et Picard, 1979, 1982, 1986.

Faisons-en la démonstration dans le cas (i).

Soit D_n la région de rejet du test du rapport de vraisemblance. D_n s'écrit $\bigcup_{k=1}^n D_n(k)$ avec

$$D_n(k) = \left\{ |\overline{Y}_k - \overline{Y}^{(n-k)}| > B_k \right\}$$

avec

$$\overline{Y}_k = \frac{1}{k} \sum_{i=1}^{k} Y_i \quad , \quad \overline{Y}^{(n-k)} = \frac{1}{n-k} \sum_{i=k+1}^{n} Y_i .$$

Montrons que si $B_k = \sqrt{2\alpha} \sqrt{\frac{n}{k} \left(\frac{n}{n-k}\right)}$ alors on a : $\forall\, k$,

$$\lim_{n\to\infty} \frac{1}{n} \log P_{H_{0,n}}(D_n(k)) = \lim_n \frac{1}{n} \log P_{H_{0,n}}(D_n) = -\alpha . \tag{6}$$

On a :

$$\frac{1}{n} \log P_{H_{0,n}}(D_n(k)) = \frac{1}{n} \log P\big(N(0,1) > \sqrt{2\alpha}\sqrt{n}\big)$$

puisque sous $H_{0,n}$

$$\overline{Y}_k - \overline{Y}^{(n-k)} \sim N\left(0, \frac{n}{k(n-k)}\right) .$$

Or on a vu (chapitre 1 ou 4) qu'alors

$$\lim_{n\to\infty} \frac{1}{n} \log P_{H_{0,n}}(D_n(k)) = -\alpha .$$

Mais

$$1) \quad \lim_n \frac{1}{n} \log P_{H_{0,n}}(D_n) \geq -\alpha ,$$

$$2) \quad P_{H_{0,n}}(D_n) \leq \sum_{k=1}^{n} P_{H_{0,n}}(D_n(k))$$

d'où

$$\frac{1}{n} \log P_{H_{0,n}}(D_n) \leq \frac{\log n}{n} + \sup_k \frac{1}{n} \log P_{H_{0,n}}(D_n(k))$$

ce qui implique bien (6).

Il reste ensuite à vérifier que $\forall\, \theta_1, \theta_2, \tau$, $\lim_{n\to\infty} \frac{1}{n} \log P_{H_{1,n(\theta_1,\tau,\theta_2)}}(D_n^c)$ est optimale, mais

$$\frac{1}{n} \log P_{H_{1,n(\theta_1,\tau,\theta_2)}}(D_n^c) \leq \frac{1}{n} \log P_{H_{1,n(\theta_1,\tau,\theta_2)}}(D_n^c(n\tau)) .$$

Or cette dernière expression conduit à la limite optimale puisque les tests de régions $D_n(n\tau)$ sont optimaux à niveau fixé parmi les tests vérifiant i) et ceci pour tout n (cf., par exemple Lehmann, 1986).

c) Détermination de frontières optimales

Une autre application des grandes déviations est de lever l'indétermination du choix des frontières pour les tests basés sur les sommes cumulées de résidus. Dans Deshayes et Picard, 1982, 1979, on montre par exemple que :

- pour le test des sommes cumulées de résidus récursifs (variance connue ou inconnue), la frontière $\lambda(\cdot)$ optimale de la région (2) est une parabole : $\lambda(j) = \lambda \cdot \sqrt{j - q}$

- pour le test des sommes cumulées de carrés de résidus récursifs les frontières λ_1 et λ_2 optimales de la région (3) sont les deux solutions de l'équation :

$$ t \cdot \log \frac{g(t)}{t} + (1 - t) \log \frac{1 - g(t)}{1 - t} \; = \; \text{constante} $$

avec $t = \frac{j-q}{n-q}$.

6.3 Résultats de simulation pour le changement de moyenne en variables gausiennes

Nous présentons des simulations obtenues dans Deshayes et Picard, 1986, et où on a calculé la puissance des tests de sommes cumulées et du rapport de vraisemblance pour le passage de la moyenne 0 avant rupture à une moyenne d (positive) après k pour

- des tailles d'échantillons : $n = 30$ et $n = 200$.
- des instants de rupture k situés en début, au milieu ou en fin de période d'observation.
- des amplitudes d variant de 0,5 à 3.
- un niveau $\alpha = 0,05$ ajusté par simulation.

Tous les calculs de probabilité ont été menés avec $N = 1000$ échantillons et les résultats obtenus, consignés dans les tables 1 et 2 donnent successivement pour chaque couple (k, d) les puissances

- du test de sommes cumulées de résidus récursifs $(\mathcal{D}_1)$
- du test de sommes cumulées des carrés de résidus $(\mathcal{D}_2)$
- du test du rapport de vraisemblance $(\mathcal{D}_3)$.

Table 1

Puissance calculée pour $n = 30$ avec un niveau $\alpha = 0.05$

	k=3	k=6	k=11	k=16	k=21	k=26	k=29
d=0.5	0.08	0.14	0.18	0.16	0.10	0.07	0.06
	0.06	0.08	0.09	0.09	0.08	0.07	0.06
	0.09	0.15	0.22	0.24	0.22	0.15	0.09
d=1	0.20	0.42	0.52	0.47	0.29	0.12	0.07
	0.10	0.17	0.24	0.25	0.22	0.14	0.08
	0.20	0.42	0.65	0.72	0.65	0.42	0.20
d=1.5	0.37	0.72	0.85	0.80	0.57	0.23	0.08
	0.17	0.36	0.56	0.60	0.51	0.29	0.13
	0.39	0.75	0.94	0.97	0.94	0.75	0.39
d=2	0.58	0.92	0.98	0.96	0.82	0.36	0.10
	0.32	0.64	0.87	0.91	0.84	0.54	0.22
	0.63	0.95	0.997	0.999	0.997	0.95	0.63
d=2,5	0.76	0.993	1	0.998	0.96	0.52	0.13
	0.47	0.87	0.99	0.993	0.98	0.81	0.36
	0.82	0.996	1	1	1	0.996	0.82
d=3	0.90	1	1	1	0.997	0.68	0.17
	0.69	0.98	1	1	1	0.96	0.56
	0.95	1	1	1	1	1	0.95
d=4	0.993	1	1	1	1	0.90	0.28
	0.95	1	1	1	1	0.999	0.88
	0.999	1	1	1	1	1	0.999

Table 2
Puissance calculée pour $n = 200$ avec un niveau $\alpha = 0.05$

	d=0.5	d=1	d=1.5	d=2	d=2.5	d=3
k=6.5	0.11	0.28	0.56	0.81	0.95	0.994
	0.66	0.09	0.16	0.31	0.53	0.79
	0.13	0.38	0.74	0.96	0.998	1
k=11	0.20	0.60	0.93	0.997	1	1
	0.07	0.13	0.34	0.66	0.93	0.998
	0.21	0.70	0.97	1	1	1
k=21	0.40	0.93	0.999	1	1	1
	0.08	0.26	0.67	0.96	1	1
	0.41	0.95	1	1	1	1
k=51	0.67	0.998	1	1		
	0.13	0.57	0.97	1		
	0.74	1	1	1		
k=101	0.64	0.998	1			
	0.16	0.71	0.99			
	0.86	1	1			
k=151	0.28	0.82	0.99	1		
	0.11	0.49	0.94	1		
	0.74	1	1	1		
k=181	0.08	0.21	0.40	0.69	0.89	0.98
	0.06	0.17	0.56	0.89	0.994	1
	0.41	0.95	1	1	1	1
k=191	0.06	0.08	0.14	0.23	0.33	0.48
	0.05	0.08	0.24	0.46	0.78	0.95
	0.21	0.70	0.97	1	1	1
k=196	0.05	0.06	0.07	0.09	0.11	0.15
	0.05	0.06	0.12	0.18	0.33	0.55
	0.13	0.38	0.74	0.96	0.998	1

Ces résultats confirment largement les conclusions découlant de la théorie des grandes déviations :

- le test $\mathcal{D}_1$ détecte mieux une rupture en début d'observation qu'en fin d'observation et est meilleur que le test $\mathcal{D}_2$ si les valeurs de k ou d ne sont pas trop grandes.

- le test $\mathcal{D}_3$ a un comportement symétrique pour les ruptures en début ou fin d'observation et a une puissance meilleure que les deux autres, la différence n'étant toutefois pas toujours significative avec le test $\mathcal{D}_1$.

Ces résultats semblent militer grandement en faveur de la théorie non locale. Toutefois si l'on veut avoir des seuils de tests calculés non pas par simulation et adaptés pour toute une famille de loi, il est clair que des théorèmes du type théorème 1 seront d'une grande utilité. Nous ne développerons pas cette partie que l'on peut trouver dans les références citées plus haut.

Références

Akahira N., Takeuchi K. (1981) : Asymptotic efficiency of statistical estimators : Concepts and higher order asymptotic efficiency, Lecture Notes in Statistics 7, Springer, New-York.

Amari S.I. (1985) : Differential-geometrical methods in statistics, Lecture Notes in Statistics 28, Springer, New-York.

Azencott R. (1980) : Grandes déviations et applications, Ecole d'été de probabilités de St-Flour VIII, 1978, L.N.M. n° 774, Springer-Verlag.

Azencott R., Dacunha-Castelle D. (1984) : Séries d'observations irrégulières, Masson, Techniques Stochastiques.

Badrikian A. (1970) : Séminaire sur les fonctions aléatoires linéaires et les mesures cylindriques, Lecture Notes, 139, Springer.

Bahadur R. (1960) : On the asymptotic efficiency of tests and estimators, Sankhya, 22, 229–252.

Bahadur R. (1971) : Some limit theorems in statistics, SIAM, Philadelphia.

Bhattacharya R.N., Ranga Rao R. (1986) : Normal approximation and asymptotic expansions. Krieger, Malabar. Fl. (Revised Reprint).

Birgé L. (1979) : Vitesses optimales de convergence des estimateurs, in Grandes déviations et applications statistiques, Séminaire de statistique d'Orsay 77–78, Chap. IX, 171–185, Astérisque 68, S.M.F..

Birgé L. (1980) : Approximation dans les espaces métriques et théorie de l'estimation. Inégalités de Cramér-Chernoff et théorie asymptotique des tests. Thèse de Doctorat d'Etat, Univ. Paris VII.

Bickel P.J., Doksum K.A. (1977) : Mathematical statistics. Basic ideas and selected topics, Holden-Day.

Billingsley P. (1968) : Convergence of probability measures, Wiley.

Brown R.L., Durbin J., Evans J.M. (1975) ; Techniques for testing the constancy of regression relationships over time, J.R.S.S. B, 37, 149–192.

Cramér H. (1946) : Mathematical methods of statistics, Princeton University Press.

Dacunha-Castelle D. (1977) : Vitesses de convergence pour certains problèmes statistiques, Saint-Flour 1977, Lecture Notes in Math. 678, Springer.

Dacunha-Castelle D., Duflo M. (1982) : Probabilités et statistiques, Tome 1. Problèmes à temps fixe, Masson.

Dacunha-Castelle D., Duflo M. (1983) : Probabilités et statistiques, Tome 2. Problèmes à temps mobile, Masson.

Dacunha-Castelle D., Duflo M., Genon-Catalot V. (1984) : Exercices de probabilités et statistiques, Tome 2. Problèmes à temps mobile, Masson.

Dalhaus R. (1988) : Small sample effects in time series analysis : A new asymptotic theory and a new estimate, Ann. Stat. Vol. 16, 2, 808–841.

Deshayes J., Picard D. (1979) : Grandes et moyennes déviations pour les marches aléatoires. Application aux tests de rupture de régression, in Grandes déviations et applications statistiques, Séminaire de statistique d'Orsay, Chap. IV-V, 53–98, Astérisque 68, S.M.F..

Deshayes J., Picard D. (1982) : Tests de rupture de régression : comparaison asymptotique, Theory of Proba. and Applic. 27, 95–108.

Deshayes J., Picard D. (1986) : in Detection of abrupt changes in signals and dynamical systems, Lecture Notes in Control and Information Sciences 77, Chap. 5, 103–168, Springer, Berlin.

Dieudonné (1963) : Fondements de l'analyse moderne, Gauthiers Villars.

Dzhaparidze K.O., Yaglom A.M. (1983) : Spectrum parameter estimation in time series analysis. In "Developments in statistics", **4**, 1–181, Academic, New-York (P.R. Krishnaiah, ed.).

Feller W. (1971) : An introduction to probability theory and its applications, Volume II, second edition, Wiley.

Fisher R.A. (1922) : On the mathematical foundations of theoretical statistics, Phil. Trans. Roy. Soc. London, ser. A, **222**, 309–368.

Fox R., Taqqu M.S. (1986) : Large-sample properties of parameter estimates for strongly dependent stationary Gaussian time series, Ann. Stat., Vol. 14, **2**, 517–532.

Hájek J. (1970) : A characterization of limiting distributions of regular estimates Z. Wahr. **14**, 323–330.

Hájek J., Sidák Z. (1967) : Theory of rank tests. Academic Press New-York.

Halmos P. (1950) : Measure theory, Van Nostrand, Princeton (1950) [reprinted by Springer-Verlag N.Y., (1974)].

Huber P. (1964) : Robust estimation of a location parameter, Ann. Math. Stat. **35**, 73–101.

Huber P. (1967) : The behavior of maximum likelihood estimators under non standard conditions, Proc. 5th Berkeley Symp. 1, 221–234.

Ibragimov I.A., Has'minskii R.Z. (1972) : Asymptotic behavior of statistical estimators in the smooth case 1 : Study of the likelihood ratio, Th. Proba. and Applic., Vol. 17, **3**, 445–462.

Ibragimov I.A., Has'minskii R.Z. (1981) : Statistical estimation, Asymptotic theory, Springer Verlag.

Kendall A., Stuart J. (1987) : Kendall's advanced theory of statistics, Charles Griffin & Company Limited. London. 5th edition.

Kuo, Hui-Hsiung (1975) : Gaussian measures in Banach spaces. Springer.

Kutoyants Yu.A. (1984) : Parameter estimation for stochastic processes, Research and expositions in mathematics **6**, Heldermann Verlag, Berlin.

Le Cam L. (1960) : Locally asymptotically normal families of distributions, Univ. Calif. Publ. Statist. **3**, 27–98.

Le Cam L. (1964) : Sufficiency and asymptotic sufficiency. A.M.S. **35**, 1419–1455.

Le Cam L. (1972) : Limits of experiments, Proc. 6th, Berkeley, Symp. I.

Le Cam L. (1986) : Asymptotic methods in statistical decision theory, Springer Verlag.

Le Cam L., Yang G.L. (1990) : Asymptotics in statistics. Some basic concepts, Springer.

Lehmann E.L. (1983) : Theory of point estimation, Wiley.

Lehmann E.L. (1986) : Testing statistical hypotheses, Wiley, 2nd edition.

Milhaud X., Oppenheim G., Viano M.C. (1983) : Sur la convergence du processus de vraisemblance en variables markoviennes, Z.W. **64**, 49–65.

Millar P.W. (1983) : The minimax principle in asymptotic statistical theory. Ecole d'été de St-Four, 1981, Springer, Lecture Notes **976**.

Mogulskii A.A. (1976) : Large deviations for trajectories of multidimensional random walks, Theory of Probability and Applications **21**, 300–315.

Rao C.R. (1965) : Linear statistical inference and its applications, Wiley.

Revuz D., Yor M. (1991) : Continuous martingales and Brownian motion, Springer Verlag.

Rockafellar R. (1970) : Convex analysis, Princeton University Press, Princeton.

Roussas G.G. (1972) : Contiguity of probability measures, Cambridge Univ. Press, Cambridge.

Shorack C., Wellner J. (1986) : Empirical processes with application to statistics, Wiley, New York.

Sweeting T.J. (1980) : Uniform asymptotic normality of the maximum likelihood estimator, Ann. Stat., Vol. 8, 6, 1375–1381.

Touati A. (1989) : Thèse d'Etat, Univ. Paris-Sud, Principes d'invariance avec limites non browniennes.

Whittle P. (1953) : Estimation and information in stationary time series, Ark. Mat. 2, 423–434.

Whittle P. (1954) : Some recent contributions to the theory of stationary processes. Appendix to "A study in the Analysis of Stationary Time Series", by H. Wold, 2nd ed., Almqvist and Wiksell, Uppsala, 196–228.

Déjà parus dans la même collection

1.

T. Cazenave, A. Haraux

Introduction aux problèmes d'évolution semi-linéaires

2.

P. Joly

Mise en oeuvre de la méthode des éléments finis

3/4.

E. Godlewski, P.-A. Raviart

Hyperbolic systems of conservation laws

5/6.

Ph.Destuynder

Modélisation mécanique des milieux continus

7.

J. C. Nedelec

Notions sur les techniques d'éléments finis

8.

G. Robin

Algorithmique et cryptographie

9.

D. Lamberton, B. Lapeyre

Introduction an calcul stochastique appliqué

10.

C. Bernardi, Y. Maday

Approximation spectrale de problèmes
aux limites elliptiques

Printed in the United States
By Bookmasters